U0947493

历史视野中的科学与技术

SCIENCE AND TECHNOLOGY FROM HISTORICAL PERSPECTIVE

张柏春 著

山东科学技术出版社
·济南·

图书在版编目（CIP）数据

历史视野中的科学与技术 / 张柏春著. -- 济南 : 山东科学技术出版社, 2025. 7（2025.11 重印）.
ISBN 978-7-5723-2756-8

Ⅰ. N091

中国国家版本馆 CIP 数据核字第 2025J2462V 号

历史视野中的科学与技术

LISHI SHIYE ZHONG DE KEXUE YU JISHU

出 版 人：郑淑娟
策 划 人：张柏春　赵　猛
责任编辑：刘玉莹　陈名扬
装帧设计：侯　宇

主管单位：山东出版传媒股份有限公司
出 版 者：山东科学技术出版社
地址：济南市市中区舜耕路 517 号
邮编：250003　电话：（0531）82098030
网址：www.lkj.com.cn
电子邮件：jiaoyu@sdkjs.com.cn
发 行 者：山东科学技术出版社
地址：济南市市中区舜耕路 517 号
邮编：250003　电话：（0531）82098067
印 刷 者：济南新先锋彩印有限公司
地址：济南市工业北路 188-6 号
邮编：250100　电话：（0531）88615699

规格： 24 开（145 mm × 230 mm）
印张： 6.5　　**字数：** 100 千
版次： 2025 年 7 月第 1 版　**印次：** 2025 年 11 月第 2 次印刷
定价： 49.80 元

天之高也，星辰之远也，苟求其故，千岁之日至，可坐而致也。

——孟子

天文学家的镜子反射的是星辰，而历史学家的镜子反射的是天文学家自己！

——乔治·萨顿

科学与技术是人类文明的重要组成部分，是最具革命意义的力量，也是各国实现现代化的关键！

19 世纪中叶，西方工业化列强以“坚船利炮”打开中国的国门，“实开千古未创之局”。从那时起，中国学者和官员逐渐认识到西方先进的技术和工业都基于科学。20 世纪，中国的新型科学家、工程师登上历史舞台，他们能够掌握和运用近现代科学与技术。如今，国家希望抓住新科技革命和产业变革的机遇，建成世界科技强国，实现中国式现代化。

长期以来，中国人为近代科学未在自己的国家产生而感到遗憾，期盼国家早日成为世界科技发展的引领者。为了快速提升科技水平并赶超发达国家，我们有必要继续思考关于科学与技术的一些基本问题，例如：什么是科学？什么是技术？科学与技术的发展有哪些规律性的特征？科技和社会有怎样的互动关系？科技专家层次越高，就越需要关注这类问题，以宽阔的视野去审视科学与技术，把握科技发展的大势。

历史研究是理解科学与技术的本质与发展规律的一条有效路径。研究表明，科学与技术的发展有迹可循，并且在一定程度上呈现出规律性的特征，如科学与技术在长期进化过程中会发生阶段性的革命。当然，对科技发展规律性特征的描述不像精密科学的定律那样定量化，而是类似于其他人文社会科学对“规律”的阐释。人们对科技发展所做的预测大致上属于历史的外推；外推的越长远，准确预测的难度越大。

科技史学科形成以来，国内外学者以历史学及相关学科的视角对科学与技术做了深入而系统的探究，产出了大批的学术论著，例如，萨顿（George Sarton）的《科学史导论》，辛格（Charles J. Singer）主编的《技术史》，库恩（Thomas S. Kuhn）的《科学革命的结构》，贝尔纳（John D. Bernal）的《科学的社会功能》，李约瑟（Joseph Needham）主编的《中国科学技术史》，卢嘉锡主编的《中国科学技术史》，等等。这些论著已经产生了非常广泛的社会影响。

研究无止境，探索无穷尽。迄今，社会上有关科学与技术的论说中依然存在诸多争论不休的说法、误解和似是而非的观点。有鉴于此，笔者不揣陋见，也尝试把科学与技术置于历史视野中加以考察，探讨中国读者关注较多的问题，归纳个人研究科技史的心得，草成一册漫谈式的小书。敬请专家和读者不吝赐教！

張柏春

2025 年 1 月 20 日

第1章 科学、技术和工程

名不正，言不顺。我们首先探讨几个基本概念及其相互关系，这是本书展开叙说的出发点。

1.1 三元一体

通常所说的“科技”就是对“科学与技术”“科学技术”的简称，而“科学技术”则是“科学”和“技术”的合称。随着人们对科学与技术的认识愈加深入，学术界早就为“科学”和“技术”做了描述性的界定和理论性的解说。

什么是科学？《新不列颠百科全书》将科学解释为对物质世界及其各种现象做无偏见的观察和系统化实验的各种智力活动[①]。这里所说的科学包括自然科学、工程科学和社会科学，而自然科学可以分为物质科学、地球科学、生命科学等分支。数学当然也是科学中不可或缺的一个分支。《中国大百科全书》对科学的定义是：“运用范畴、定理、定律等形式反映现实世界各种现象的本质、特性、关系和规律的知识体系。”[②]这意味着那些未系统化的“科学知识”还没有发展为科学中的一门学科或学科分支，不能被严格地称作科学。科学进步的主要标志是作出科学发现，即揭示未知事物或规律，包括发现事实和提出理论。

科学家的职责是如何认识世界，他们畅想科学问题，

① Encyclopaedia Britannica, Inc. The New Encyclopaedia Britannica［M］. Vol.10. Chicago: Encyclopaedia Britannica, 1993: 552.

② 中国大百科全书总编委会. 中国大百科全书：第 12 卷［M］. 第二版. 北京：中国大百科全书出版社, 2009: 599.

享受其中的快乐。物理学家费曼（Richard P. Feynman）描绘了自己探求新知的感受："知识的进步总是带着更深、更美妙的神秘，吸引我们去更深一层地探索。""科学家们成天经历的就是无知、疑惑、不确定，这种经历是极其重要的。当科学家不知道答案时，他是无知的；当他心中大概有了猜测时，他是不确定的；即便他满有把握时，他也会永远留下质疑的余地。"[①]

在研究某类对象的过程中，所产生的知识发展为系统化的理论和方法，就形成了一门学科[②]。每门学科可能细分为不同层级的分支，学科之间的交叉可以催生新的知识生长点或学科，形成复杂的知识体系。科学在古代就已经分科。亚里士多德、沈括等兼通多个学科领域的人物并不多见。沈括在《梦溪笔谈》中记载了关于科学技术的心得和见闻，涉及数学、历法、地理、气象、物理、冶金、兵器、水利、动植物和医药等学科领域。

什么是技术？《中国大百科全书》将技术定义为："人类改变或控制其周围环境的手段或活动。泛指根据生产实践经验和科学原理而发展形成的各种工艺操作过程、方法、器具和技能。"[③]技术分为许多门类，其进步以发明为主要标志。

要全面地认识技术与科学，我们就须理解"工程"这

---

① 费曼．你干吗在乎别人怎么想：充满好奇心的费曼［M］．李沉简，徐杨，译．北京：中国社会科学出版社，1999: 252, 254.

② 中国科学院，国家自然科学基金委员会．未来10年中国学科发展战略·总论［M］．北京：科学出版社，2012: 3.

③ 中国大百科全书总编委会．中国大百科全书：第11卷［M］．第二版．北京：中国大百科全书出版社，2009: 93.

拉斐尔的《雅典学院》

个重要概念。所谓工程（engineering），是指人类改造世界的物质实践活动，是应用技术和科学，使自然资源最适宜地转化为人类的各种用途的活动[①]。工程使科学技术发挥出生产力的功能，反映出国家或组织机构的科技水平、创造力和综合实力。

工程是造物的活动，它以运筹、决策、规划、设计、实施、制度、管理等为基本内容，以各种项目为基本单位，以工程师、工匠、投资者和管理者为主要角色，以价值与合理性为主要评价标准[②]。通常，工程以实现目标为第一考量，要尽力避免总体上的失败。某项具体的工程未必谋求全面创新，而是尽量利用可靠的手段，在既有技术不够用时才做目标明确的创新。

工程师的职责如何实现[③]？他们必须在限定的条件下，运用各种可用的技术和知识，尽可能选择最可靠的和最经济的解决问题的方案，同时遵循科技原理和经济规律，创造符合人们预期的人工世界。近现代工程师接受过科学训练，能够借助多学科的理论、方法及技术经验，取得实践成果。

---

① Encyclopaedia Britannica, Inc. The New Encyclopaedia Britannica［M］. Vol.18. Chicago: Encyclopaedia Britannica, 1993: 414. 本文作者对英文原书中关于“工程（engineering）”的定义做了进一步的概括，尤其是将原文的 applying science 修改为 applying technology and science，因为这样更符合古代和近现代历史上的工程与技术、科学的关系。

② 李伯聪 . 工程哲学引论［M］. 郑州：大象出版社，2002: 5–6, 29–30.

③ 中国大百科全书出版社简明不列颠百科全书编辑部 . 简明不列颠百科全书［M］. 北京：中国大百科全书出版社，1985: 413.

一些工程师和工匠通过创造新技术而成为发明家。

科学、技术和工程有着“三元一体”的密切关系，合在一起能够比较全面地反映科学技术的本质和社会功能。当然，三者在内涵、发展形式、知识规范和价值标准等方面存在明显的差异。例如，科学研究成果基本上是公开的，科学家通常是争先发表论文，争得发现的优先权；技术事关拥有者的利益，在一定范围或时间内是保密的，如通过专利制度加以保护。近现代的技术转移往往是有偿的。科学原理和技术发明具有普适性，而每一项工程都是唯一的。技术有先进与落后之分，工程有优劣之分。

自然科学研究就是人们常说的基础研究，其目的是创造新知识，即发现物质世界的本质和规律，提出新的概念、理论和方法，促进知识体系的发展。工业革命以来，基础研究越来越成为技术发明和创新的重要知识源头。美国科学研究发展局负责人布什（Vannevar Bush）等人在《科学：没有止境的前沿》（1945 年）中阐述了基础研究的重要性，其中强调：

“今天，基础研究已成为技术进步的带路人，这比以往任何时候都更加明确了。……一个在新的基础科学知识方面依靠别国的国家，其工业发展将是缓慢的，在世界贸易竞争中所处的地位将是虚弱的……”①

这段话说得掷地有声。不过，有时候这可能被误解为

① 布什．科学：没有止境的前沿：关于战后科学研究计划提交给总统的报告［M］．范岱年，解道华，译．北京：商务印书馆，2004: 12.

基础研究是现代技术的唯一来源。事实上，技术也有自身发展的逻辑和相对的独立性，新发明未必总是源于基础研究的新发现。

基础研究成果向新技术和生产力的转化受到多种因素的影响，转化周期或长或短，人们很难准确预判某一项基础研究成果何时能够转化为新技术。总的来看，转化周期有越来越短的趋势。例如，二进制在17世纪后期由数学家莱布尼茨（Gottfried Wilhelm von Leibniz）提出[①]，但到20世纪中期才被用于计算机领域，德国科学家在20世纪30年代发现原子核的裂变，美国利用这一发现，在1945年7月研制出原子弹。虽然有些基础研究对于近期技术研发可能是“远水不解近渴”，但对于一个大国的长远发展来说，基础研究是不能放松的。

绝大多数科学发现和技术发明等原创工作最初并不像教科书编得那么完美。例如，经典力学、微积分、进化论、蒸汽机、运载火箭、计算机等发明创造起初都不够成熟、不够完善，都经历了创造性改进、完善的过程。我们应当对知识生产的这一特点有所了解、有所思考。

① 社会上流传着中国的八卦启发莱布尼茨发明二进制的说法，但这是与史实不符的误解。莱布尼茨在17世纪70年代就发明了二进制，18世纪初才粗知中国的六十四卦图。由于不了解六十四卦的内涵，他误以为用二进制可以解释六十四卦。实际上，二进制作为数学的一种进位制，与六十四卦或八卦有本质的区别。

1.2 中国古代有科学

古代中国是一个发明的国度[①]。在农业方面，最先栽培了水稻、大豆等粮食作物以及茶和柑橘等作物，发明了精耕细作技术，以有限的耕地养活了众多人口；在纺织方面，发明了丝织、提花机、水力大纺车等技术；在材料和制器方面，发明了琢玉工艺、髹漆技艺、块范铸造法、以生铁为本的制钢技术、制瓷技术、造纸术，并率先实现铁器化；在机械和仪器方面，发明了犁壁、耧车、风扇车、水碓、水排（水力鼓风机）、被中香炉（常平架）、赤道浑仪、指南车、记道车（记里鼓车）、舂车、地动仪、翻车（龙骨水车）、秤漏、活塞式风箱、立帆式风车、走马灯、简仪；在造船方面，发明了水密舱壁、平衡舵；在军事技术方面，发明了火药、火箭、火雷和火铳。此外，还发明了雕版印刷、活字印刷、指南针、顿钻、针灸和人痘接种等技术。《考工记》和《天工开物》分别记述了先秦和明代的技术体系。朱熹对工匠精神做了精彩解说："治玉石者，既琢之而复磨之；治之已精，而益求其精也。"

① 有关中国古代发明创造的论著有很多。可以参考中国科学院自然科学史研究所编写的《中国古代重要科技发明创造》（中国科学技术出版社，2016 年），以及华觉明、冯立昇主编的《中国三十大发明》（大象出版社，2017 年）。

中国在古代乃至当代都是工程大国和工程强国[1]。中国人充分发挥资源禀赋，擅长开物成器成事。大禹治水、金属冶铸、陶瓷烧造、织造、都江堰、灵渠、长城、大运河、城邑营造、应县木塔、水运仪象台、郑和下西洋等工程杰作都因地制宜地运用了各种技术发明以及数学和管理学等方面知识，展现出人们把握复杂环境条件，进行工程的运筹、决策、规划、设计、实施、管理等方面的创造力，以及政府和社会整合自然资源、人力、技术和资金等要素的非凡智慧。工程为中华文明的辉煌作出了巨大贡献：长城在很大程度上避免了北方农耕民族与游牧民族之间的战争；都江堰化害为利，使得成都平原“水旱从人，不知饥馑”；大运河作为国家南北交通的大动脉，深刻影响了经济社会的发展格局；瓷器、丝绸和茶叶深受国内外用户喜爱，是最具国际竞争力的中国产品。

近代欧洲学者非常看重印刷术、火药和指南针等重大发明创造在人类文明发展中的重要作用。16 世纪末，培根（Francis Bacon）在《新工具》中写道：

“我们还该注意到发现的力量、效能和后果。这几点是再明显不过地表现在古人所不知、较近才发现而起源却暧昧不彰的三种发明上，那就是印刷、火药和磁石。这三种发明已经在世界范围内把事物的全部面貌和情况都改变了：第一种是在学术方面，第二种是在战事方面，第三种是

① 参见：张柏春，王彦雨，李雪．中国工程创造［M］．济南：山东科学技术出版社，2024.

在航海方面；并由此又引起难以数计的变化来；竟至任何帝国、任何教派、任何星辰对人类事物的力量和影响都仿佛无过于这些机械性的发现了。”[①]

19世纪60年代，马克思在《机器。自然力和科学的应用》中高度评价了三大发明：

“火药、指南针、印刷术——这是预兆资产阶级社会到来的三大发明。火药把骑士阶层炸得粉碎，指南针打开了世界市场并建立了殖民地，而印刷术则变成新教的工具，总的来说变成科学复兴的手段，变成对精神发展创造必要前提的最强大的杠杆。”[②]

马克思没有提这些发明的来源，后世学者发现这三项发明都源自中国。

中国古代到底有没有科学？这是一个议论了多年的话题，主张“有”的和主张“无”的众多学者充分表述了他们的观点和论据，使问题变得愈加清晰。迄今，认为中国古代无科学的国外学者越来越少，但国内仍然有少部分学者，特别是非科学史学者，不认为中国古代有科学。要厘清“有没有”的问题，就须辨析什么是古代科学，什么是近代科学[③]。

---

① 培根．新工具［M］．许宝骙，译．北京：商务印书馆，1986: 103.

② 马克思．机器。自然力和科学的应用［M］．北京：人民出版社，1978: 57.

③ 李约瑟认为，很有必要将“近代科学”与“古代及中世纪科学”加以区别（见：潘吉星．李约瑟文集［M］．沈阳：辽宁科学技术出版社，1986: 65.）。他认为“中国缺少的不是科学，而是现代科学”（见余英时为陈方正所著《继承与叛逆：现代科学为何出现于西方》作的序，该书于2011年由生活·读书·新知三联书店出版）。

都江堰

任鸿隽在1915年发表《说中国无科学之原因》，文中申明："今欲论吾国科学之有无，当先知科学之为何物。""欧洲之有科学，三数百年间事耳，即谓吾国古无科学，又何病焉。……迨十六世纪文学复兴，而科学萌芽同时并茁，弗兰西氏培根（Francis Bacon）导其端，加里雷倭（Galileo）、牛顿（Newton）明其术，其后硕师辈出，继长增高，以有今日之盛。"① 很显然，任先生是认为中国古代没有欧洲近代才兴起的那种科学，即"推理重实验"的近代科学。

1922年8月，梁启超在中国科学社年会上演讲时强调："有系统之真智识，叫做科学；可以教人求得有系统之真智识的方法，叫做科学精神。""其实，科学精神之有无，只能用来横断新旧文化，不能用来纵断东西文化。若说欧美人是天生成科学的国民，中国人是天生成非科学的国民，我们可绝对的不能承认。拿我们战国时代和欧洲希腊时代比较，彼此都不能说是有现代这种崭新的科学精神，……直到文艺复兴以后，渐渐把思想界的健康恢复转来，所谓科学者才种下根苗。讲到枝叶扶疏，华实烂漫，不过最近一百年内的事。"②

---

① 任鸿隽．说中国无科学之原因［M］// 张柏春，高峰，陈晓珊．中国近代科学先声．济南：山东科学技术出版社，2024: 270–273.

② 梁启超．科学精神与东西文化［M］// 张柏春，高峰，陈晓珊．中国近代科学先声．济南：山东科学技术出版社，2024: 345–352. 梁启超很可能是第一个在海外使用"science"意义上的"科学"的中国学者，他受到了日本学者的影响。参见：周程．新文化运动兴起前的"科学"："科学"的起源及其在清末的传播与发展［J］．哲学门，2015, 16(2):205–235.

纵观历史，科学是不断发展演变的知识体系，其内容随着时间的推移而变化，表现出“古代科学（pre-modern science）”与“近代科学（modern science）”的差异性。古代科学基本上属于经验科学，形成和发展于不同的古代文明中。近代科学是指伽利略（Galileo Galilei）和牛顿（Isaac Newton）时代发展起来的自然科学，其主体是实验科学，也就是当代人们常说的科学。近代科学的研究范式以实验和数学描述的结合为主要特征[①]。按照这个标准，说古希腊有科学也是牵强的。简单地将中国古代科学跟欧洲近代科学做时间错位的比较是不妥当的，如此得出的结论“中国古代没有欧洲近代科学”是没有意义的。

世界古代科学包括巴比伦、埃及、希腊、中国、印度等科学，其知识体系有差异，但功能相似，都属于经验科学[②]。

中国古代当然也有科学！中国古代科学主要有数学（算学）、天文学、医药学、农学、地理学等学科领域[③]。中国思想家对自然现象作出了不同的解释，讨论了认识论问

① 大数据分析在当代被视为科学研究的新范式，然而，实验和数学描述的结合仍然是自然科学研究的基本范式。

② 中国和欧洲形成了各自的古代科学技术传统。古希腊在科学技术领域取得突出成就，构建了古典科学理论体系。罗马帝国在工程技术方面取得了突出的成就。

③ 关于中国古代科学与技术，详见两套丛书：卢嘉锡主编的《中国科学技术史》，出版者为科学出版社；李约瑟主撰的《中国科学技术史》（*Science and Civilisation in China*），英文版由剑桥大学出版社出版，中文简体译本由科学出版社和上海古籍出版社出版。

题[①]。墨家对力学、光学、数学问题作了专门的理论探讨。

中国古代数学注重解决实际问题，为收税、编订历法、工程建设、音律学等提供了精确的算法。数学家吴文俊认为："以《九章算术》为代表的中国传统数学思想方法，同以《几何原本》为代表的古希腊数学思想方法异其旨趣，各有千秋，在世界数学发展的历史长河中，此消彼长……"[②]《九章算术》大约成书于公元前1世纪，它以算法统率例题，以算筹为计算工具，寓理于算，确立了中国古代数学著述的基本体例。魏晋时期数学家刘徽在公元263年为《九章算术》作注，阐明了其中蕴含的理论和逻辑内涵。南北朝数学家祖冲之算得圆周率为355/113。宋元时期贾宪、秦九韶、李冶和朱世杰等数学家在开方、多项式数值解法、高次方程数值解等方面取得了领先世界的成果，其中有些方法远远超出了当时实践所需[③]。数学家陈省身强调："中国人的数学才能是不容怀疑的。"[④]

天文学是中国古代较早形成的一门科学，是基本上由朝廷主办的科学事业。中国天文学由历法、仪器、天象观

---

① 科学史家席泽宗在2008年11月所作演讲《中国传统文化中的创新精神》中说明了《大学》里的"格物致知"和《孟子》里的"求故"的认识论意义。孟子说："苟求其故，千岁之日至，可坐而致也。""求故"反映了人们认识自然现象及其规律的探索精神。

② 王渝生．为了中国传统数学的复兴［M］// 李邦河，高小山，李文林．吴文俊全集·附卷：回忆与纪念．北京：科学出版社，2019: 305–306.

③ 田淼．《四元玉鉴》的清代版本及《假令四草》的校勘研究［J］．自然科学史研究，1999(1):36–47.

④ 田淼．陈省身采访录［J］．中国科技史料，2000(2):117–127.

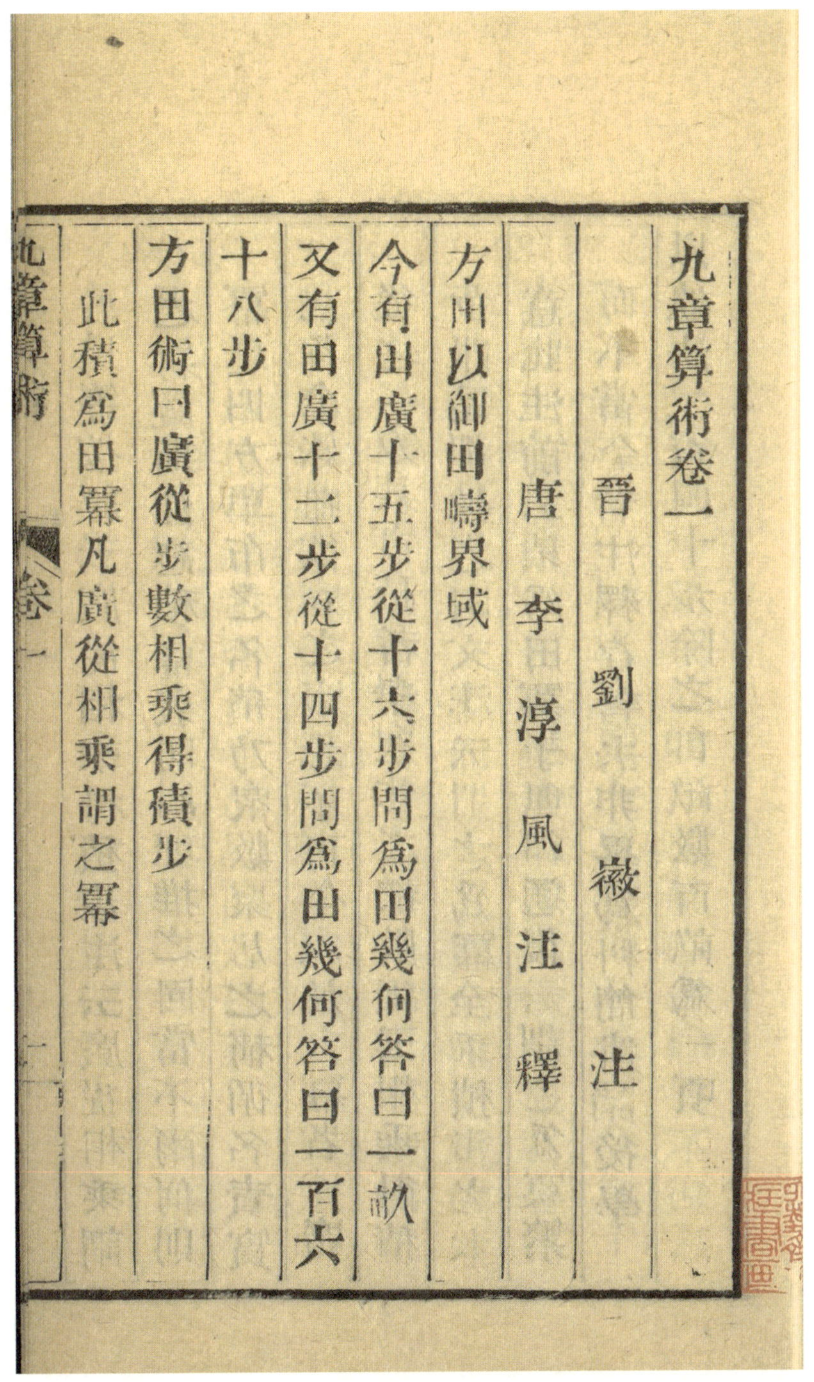

九章算術卷一

晉 劉徽 注

唐 李淳風 注釋

方田以御田疇界域

今有田廣十五步從十六步問爲田幾何答曰一畝

又有田廣十二步從十四步問爲田幾何答曰一百六十八步

方田術曰廣從步數相乘得積步

此積爲田冪凡廣從相乘謂之冪

九章算術 卷一 一

《九章算术》书影

THE

ELEMENTS OF EUCLID,

VIZ.

THE FIRST SIX BOOKS,

Together with the

ELEVENTH AND TWELFTH.

THE ERRORS,

By which Theon, or others, have long ago vitiated these Books, are corrected, and some of Euclid's demonstrations are restored.

ALSO,

THE BOOK OF EUCLID'S DATA,

IN LIKE MANNER CORRECTED.

BY ROBERT SIMSON, M.D.

Emeritus Professor of Mathematics in the University of Glasgow.

TO THIS EDITION ARE ALSO ANNEXED,

ELEMENTS OF PLANE AND SPHERICAL TRIGONOMETRY.

PHILADELPHIA:

PUBLISHED BY JOHNSON AND WARNER,

AND SOLD AT THEIR BOOKSTORES IN PHILADELPHIA, RICHMOND, (Vir.)

AND LEXINGTON, (Ken.)

1811.

《几何原本》书影

测、天文数据、宇宙论和占星学等构成，并以历法为中心。天文学家精于观测天象，提高天文常数的精度，发现岁差、太阳和五星视运动的不均匀性、恒星位置的变化等现象，发展出历法推算的数学方法。基于对天象变化规律的认识，天文学家能够测算日、月、五大行星任意时刻在天球上的位置及其会合周期，排出完整的二十四节气，并且通过观测日食和月食来检验历法的精准性。西汉的《太初历》为后世历法树立了典范，东汉后期天文学的基本格局得以确立。元代郭守敬等人在 1281 年编制出中国古代最优秀的历法——《授时历》，它被沿用了三百多年，成为中国历史上行用时间最久的历法。

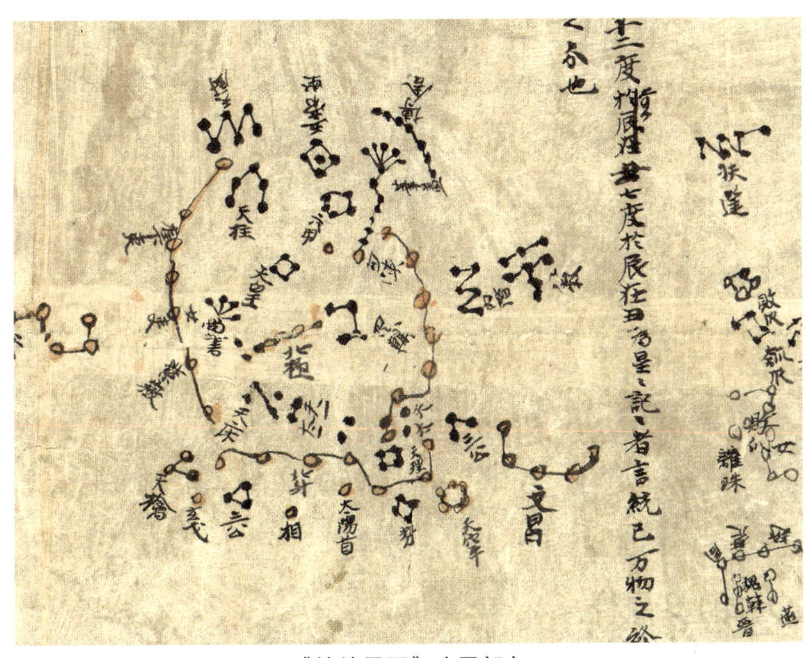

《敦煌星图》（局部）

中国医药学也形成了独特的知识体系，是迄今还在发挥重要作用的一个传统知识分支。成书于战国后期的《黄帝内经》阐释脏腑、经脉学说，并结合阴阳五行说，论说了病理、临床诊断和治疗等基本问题，这标志着中医理论体系的基本形成。汉代《神农本草经》奠定了后世本草学的基础；医家张仲景在《伤寒杂病论》中确立了理、法、方、药俱备的医疗原则，奠定了“辨证施治”的临床医学基础。明代李时珍编写《本草纲目》，分类记述1892种药物的名称、产地、形态、采集方法以及药物的性味、功用和炮制等，提出了本草自然分类方法。清代吴其濬的《植物名实图考》采用了与《本草纲目》相似的分类方法。

中国创造了辉煌的农业文明，形成了独具特色的农业技术和以多部农书为代表的农学[①]。《吕氏春秋》的《上农》《任地》《辩土》《审时》四篇总结了战国时期的农学知识。西汉的《氾胜之书》和北魏贾思勰的《齐民要术》总结了黄河下游地区的旱作农业技术和农学知识。南宋《陈旉农书》记述南方水田耕作技术。元代《王祯农书》全面记述南北方的农业技术，标志着中国传统农学知识体系的完备。明清时期，徐光启的《农政全书》和清朝官修的《授时通考》进一步集成了传统的农业技术和农学知识。当然，农学不属于基础科学，而是比较系统化的实践者的知识。

中国古代有技术，也有科学。那么，中国科学与技术什么时候开始落后于欧洲的呢？在工业革命兴起之前，中

① 中国古代农学是文本化的技术和经验知识。

国科学与技术经历了一个与欧洲各有所长的长期发展历程。自 14 世纪中期以降，中国鲜有重大发明创造，其科学在 16~17 世纪科学革命时期已经落后于欧洲①，而具体学科开始落后的时间是有差别的。例如，天文学大致在 16 世纪中后叶，数学不晚于 17 世纪中叶。中国技术在宋元时期已经满足农业社会的基本需求，或者说相对于需求来看接近“饱和”状态，到 18 世纪中叶仍然在耕作、制茶、制瓷、冶金、纺织、制器等领域处于世界先进水平，后来才被工业革命中的技术发明全面超越②。

即便在 19 世纪和 20 世纪，中国传统技术，也就是从古代传承下来的技术，还继续在转型发展中发挥不可或缺的作用。例如，到 20 世纪 70 年代末，中国农村人口占全国总人口的比例依然超过 80%。农村逐渐以现代技术取代传统技术，但在 70 年代末之前还普遍沿用着传统的农业技术，包括畜力犁、畜力碾磨、风扇车、水车、水磨、活塞式风箱；人们在城乡继续使用算盘、杆秤等传统用具。改革开放以来，随着现代化建设步伐的不断加快，传统的技术和知识才以较快的速度退出生产领域而成为文化遗产。

传统的医药学和科学知识也有“古为今用”的机会，对现代科学技术发展有所贡献。例如，20 世纪 50~60 年代，科学史家席泽宗研究中国古文献对新星和超新星的记载，其成果《古新星新表》和《中、朝、日三国古代的新星记

---

① 16世纪开始的西学东渐使得中国古代科学体系中的弱点得以突显。

② 张柏春．中国技术：从发明到模仿，再走向创新［J］．中国科学院院刊，2019, 34(1): 22–31.

录及其在射电天文学中的意义》为现代科学家研究超新星、射电源、脉冲星、中子星等高能天体作出了重要贡献。再比如，1967 年 5 月，国家科学技术委员会与解放军总后勤部开始组织研发抗疟疾药物。1971—1972 年，中医研究院屠呦呦小组用乙醚从青蒿中提取到抗疟有效单体（青蒿素）。基于青蒿素的结构测定、构效关系等研究，多家单位研制出各类青蒿素抗疟药物。2015 年，屠呦呦荣获诺贝尔生理学或医学奖。[①]

① LI Runhong, ZHANG Daqing. The search for antimalarial drugs and the discovery of artemisinin［J］. Chinese Annals of History of Science and Technology, 2020, 4(2): 73−134.

第2章 科技的进化和革命

纵观世界历史，我们可以看到科学技术呈现出进化（evolution）和革命（revolution）两种基本形式。

2.1 科学和技术的进化

科学与技术的常规发展以进化为常态，在此期间，人们做出或大或小的科学发现、技术发明和工程创造，如发明轮轴、铁犁、齿轮、提花机、水车、钟表等机械，以及做出勾股定理、杠杆原理、浮力定律等科学发现和理论创见。在漫长的古代社会，科学与技术的发展总体上表现为积累和进化。例如，中国古代科学与技术在春秋至东汉时期形成体系，此后持续积累和提高，在宋元时期达到高峰，明清时期发展缓慢。

在此，我们以机械技术为例，粗线条地回溯中国古代科技的进化①。

经过长期的实践和经验积累，史前时期的中国先民为进行狩猎、捕鱼、栽培作物、纺织、制陶、治水等活动创制出各种原始的工具。商周时期的双轮马车以及春秋战国时期的旋转磨、织机等装置预示着简单工具向复杂机械的转变。秦汉时期的匠人已经发明纺车、提花机、耦犁、耧车、指南车、记道车、水碓、水排、水运浑象、风扇车、翻车（龙骨水车）、被中香炉等机械，运用了连杆传动、绳轮传动、齿轮传动、链传动、凸轮传动等基本传动机构，并将畜力和水力用作机械的原动力，这些突破标志着中国古代机械

① 张柏春．机械技术［M］// 路甬祥．走进殿堂的中国古代科技史：下册．上海：上海交通大学出版社，2009: 172–198.

技术体系的形成。

三国至隋唐五代时期，机械技术持续进化。例如，曹魏巧匠马钧制作水转百戏；晋代刘景宜造畜力驱动的“八磨”；东晋杜预制作连机碓；后赵解飞、魏猛变造舂车和磨车；南北朝时期祖冲之制作水碓磨，崔亮造水碾磨；唐代出现束综提花机、轮式的筒车和从井中垂直提水的水车。这些发明不断提高机械技术水平，充实了古代技术体系。到宋元时期，水运仪象台、活塞式风箱、走马灯、风车和水转大纺车等重要发明问世，中国古代机械技术发展到高峰。

中国有制造水运仪象的传统。东汉张衡首创以漏壶之水驱动天球模型的水运浑象。唐代僧一行和梁令瓒等人又造水运浑象，该仪器能演示天球运动及日月的移动，并以小木人撞钟、击鼓的形式报时、报刻。北宋张思训沿着僧一行和梁令瓒的思路，在公元 979 年造出新的水运浑象。基于上述工作，北宋苏颂和韩公廉在 1092 年主持制成大型天文装置——水运仪象台。苏颂、韩公廉等人创造性地集成了漏刻、秤漏、水轮、杆传动、齿轮传动、筒车等技术，发明了能够控制水轮间歇转动的“擒纵机构”，从而以一个水轮同时驱动计时装置、浑象和浑仪的四游仪，成就了一项机械设计杰作。1096 年苏颂撰《新仪象法要》，这部书以 40 多幅机械图和文字描绘了水运仪象台的构造，反映了古代以图像表达技术知识的高水平①。

---

① 中国学者王振铎在 1958 年为中国历史博物馆制成 1 ∶ 5 的水运仪象台复原模型。后来，英国学者康布里奇（John H. Combridge）和日本工程师土屋荣夫等人先后复原出 1 ∶ 1 的水运仪象台。

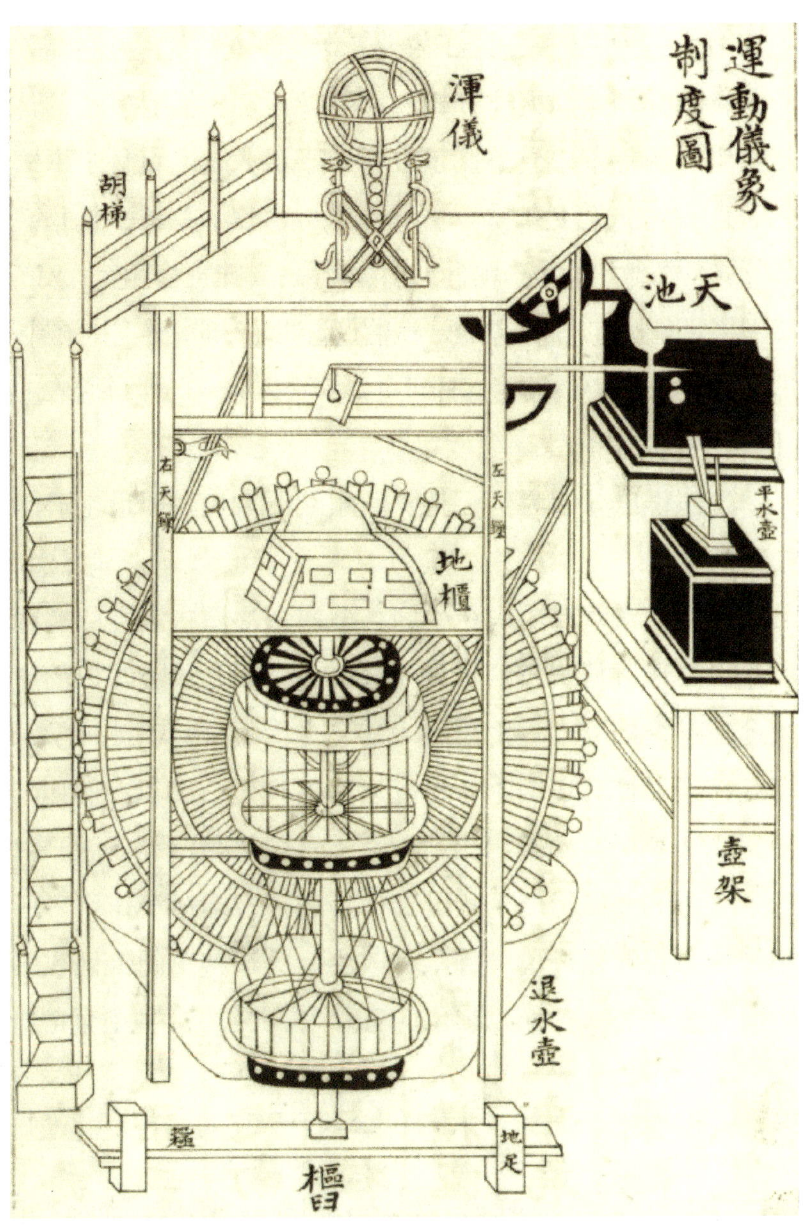

水运仪象台构造总图

大约自13世纪起，中国机械发展势头趋于缓慢，鲜见重要发明，但出现了一些总结性的技术著作。例如，元代《王祯农书》（1313年）描绘了农业、纺织等方面的复杂机械，其中，水排利用曲柄连杆机构将旋转运动转换成风扇的往复摆动。明代宋应星编撰了农业和手工业技术百科全书式的著作——《天工开物》（1637年），该书总结了作物栽培、养蚕纺织、染色、粮食加工、熬盐、制糖、制瓷、冶铸、锤锻、舟车制造、石灰烧制、榨油、造纸、采矿、兵器、颜料、珠玉采集等门类的技术，表明17世纪初中国仍保持着农业社会技术的高水平。

我们再以力学为例，简要回顾欧洲古代及中世纪科学知识的进化[①]。

无论是在欧洲还是在中国，早期力学源自人类的实践经验以及通过使用机械工具而获得的知识，这类知识的产生远在系统的力学理论研究之前。古代力学知识被哲学家探究，或者被写成文本，形成最初的理论性知识。例如，墨子在《墨经》中给出了“力”“重”“衡”等概念，讨论了“力”如何能产生一定的作用效果，即一个作用者所施加的力会导致环境中的某种改变。关于共工的传说表明中国人很早就将这种认识用于理解宇宙现象[②]。基于直觉知

① 张柏春，田淼，马深孟，等．传播与会通：《奇器图说》研究与校注［M］．南京：江苏科学技术出版社，2008: 21–35.

②TIAN Miao. Mechanical Knowledge in Ancient Chinese Cosmology[M] // ZHANG Baichun, Jürgen,eds.Transformation and Transmission: Chinese Mechanical Knowledge and the Jesuit Intervention. Berlin: Max Planck Institute for the History of Science, 2006: 37–48.

识和经验知识，《墨经》对杠杆原理作出了非定量的阐释。汉代以后，探索力学、光学、数学知识的墨家式微，但中国技术并未停止进化的步伐，匠人们继续创制“用力少而见功多”的机械。

古希腊为总结力学经验和构建力学理论作出了重要贡献。当时的哲学家认为，利用杠杆等机械可以取得超过所施的力的效果，但这有悖于自然法则。亚里士多德（Aristotle）传统的《力学问题》一书对这种现象给出了合乎逻辑的解释[①]。阿基米德（Archimedes）为杠杆原理提供了证明并引入了“重心”的概念。亚历山大里亚的希罗（Hero）在他的专著《力学》中将机械装置分解成简单机械，并且以杠杆原理解释简单机械。

亚里士多德在《物理学》和《论天》中提出了关于受迫运动、自然运动和天体运动的理论解释。直到近代早期，关于运动的力学解释都延续着亚里士多德的传统：物体通常需要力才能被移动，这个力决定着所产生的运动；强大的力可以移动更大的物体，产生更明显的运动。但是，有两个例外：一是任何重物都有向下运动的趋向；二是天体在没有东西移动它们的情况下似乎永远绕着地球运动。在自然运动情况下，重者有向下运动的趋势，轻者有向上运

① RENN J,SCHEMMEL M. Mechanics in the Mohist Canon and Its European Counterpart［M］// ZHANG Baichun,RENN J,eds. Transformation and Transmission: Chinese Mechanical Knowledge and the Jesuit Intervention. Berlin: Max Planck Institute for the History of Science, 2006: 49–54.

ALEXANDRI
PICCOLOMINEI
IN MECHANICAS
QVAESTIONES ARISTOTELIS,
Paraphrasis paulo quidem plenior.
EIVSDEM COMMENTARIVM DE
Certitudine Mathematicarum disciplinarum:
In quo, de Resolutione, Diffinitione, &
Demonstratione: necnon de materia,
ET IN FINE LOGICAE FACVLTATIS,
quamplura continentur ad rem ipsam, tum mathematicam, tum Logicam, maxime pertinentia.

TRAIANO CVRTIO

Venetijs, Apud Traianum Curtium. 1565.

《力学问题》注释本书影

动的趋势。受迫运动总是由与其接触的施动者导致的，物体的重量决定了它抵御力的程度。对于那些只因受迫而运动的物体，即使外力不再作用其上，物体仍然会继续运动一段时间。

欧洲传统的力学经历了长期的进化和传播。希腊力学知识被翻译成阿拉伯文，得到传播、阐释和拓展，到中世纪再一次得到传播，直到被文艺复兴时期及其后的欧洲学者和工程师掌握和发展，为进一步的力学研究提供了知识基础。在近代早期，抛射体的运动、建筑物稳定性、物体的摆动、行星运动等具有挑战意义的力学问题激发了伽利略和其他科学家的兴趣，导致 1500~1700 年的力学转变，就是将古代知识遗产转化成一种新的、更丰富的形式，这个过程的结果即经典力学的创建，它是第一次科学革命的主要标志。

关于科学的进化，已经有很多著述问世，如爱因斯坦（Albert Einstein）和英费尔德（Leopold Infeld）的《物理学的进化》①、雷恩（Jürgen Renn）的《人类知识演化史》②，前者是科学家写的，后者是科学史家写的。《人类知识演化史》以力学知识史、知识全球化和人类未来的挑战为重点展开宏观和微观的阐释，重点分析了知识在全球性变

① 爱因斯坦，英费尔德．物理学的进化（The Evolution of Physics）［M］．张卜天，译．北京：商务印书馆，2019.

② 雷恩．人类知识演化史（The Evolution of Knowledge: Rethinking Science for the Anthropocene）［M］．朱丹琼，译．北京：九州出版社，2023. 此书译为“知识的进化”似更为合适。

革中的作用，还对欧洲、中国等文明中的科学进行了跨文化的比较。

2.2 科学革命和工业革命

科学技术在绝大部分时期里处于进化阶段，仅在部分时期发生重大变革，包括农业革命、科学革命和工业革命（技术革命）。农业革命是指新石器早期栽培植物、驯养动物等农业技术的出现和形成[①]，它使农业生产成为人类获得食物的有效方式，为人类定居生活和构建农业文明创造了重要条件。

自近代以来，世界上发生了两次科学革命和三次工业革命和技术革命[②]，它们对人类文明的发展产生了深远的影响。在科技革命时期，科学家和工程师面临重大问题的挑战，有很多作出发明创造的机会。国内外学界关于科学革命、工业革命（技术革命）的研究论著汗牛充栋，它们加深了人们对科学与技术的理解。本书倾向于分别讨论科学革命、

---

① 参见《中国大百科全书》（第二版）的“农业革命”词条（中国大百科全书总编委会．中国大百科全书：第 17 卷［M］．第二版．北京：中国大百科全书出版社，2009: 55.）。

② 中国科学院．科技革命与中国的现代化：关于中国面向 2050 年科技发展战略的思考［M］．北京：科学出版社，2009: 7–19.

技术革命（工业革命），如果用“科技革命”的说法，那指的是“科学革命和技术革命”的缩写，而不是指科学与技术交织的革命（scientific-technological revolution）。

科学革命本质上是科学思想和知识体系的变革，源于既有理论与新的科学观察或科学实验的冲突，表现为新的概念和理论体系的构建[①]。

第一次科学革命发生在16~17世纪，标志性成就是日心说、经典力学和微积分等理论的创建，代表人物有哥白尼（Nicolaus Copernicus）、伽利略、牛顿等科学家。哥白尼的日心说拉开了科学革命的序幕。伽利略研究了弹道、落体、单摆等问题，发展了实验与数学描述相结合的科研范式。牛顿将伽利略对物体运动规律研究和开普勒（Johannes Kepler）对天体运动规律的认识统一起来，在《自然哲学的数学原理》（*Philosophiae Naturalis Principia Mathematica*，1687年）一书中建立了经典力学理论，为其他近代科学分支提供了概念架构，引起了科学体系的变革。如果只谈一次科学革命的话，那就是这次科学革命。

科学在18世纪，特别是19世纪继续快速发展，涌现出了氧化学说、原子论、元素周期律、电磁学、细胞学说、进化论等重大理论成就，因而有学者称其为又一次科学革命。本书之所以不把这些突破视为第二次科学革命，是因

---

① 中国科学院．科技革命与中国的现代化：关于中国面向2050年科技发展战略的思考［M］．北京：科学出版社，2009: 10–14. 科学史家、科学哲学家和科学社会学家对科学革命作出了多样而系统的解析，相关论著甚多。

伽利略

牛顿

THE

MATHEMATICAL PRINCIPLES

OF

NATURAL PHILOSOPHY

BY

SIR ISAAC NEWTON.

Translated into English

BY ANDREW MOTTE.

TO WHICH ARE ADDED,

Newton's Syſtem of the World;

A SHORT

Comment on, and Defence of, the Principia,

BY W. EMERSON.

WITH

THE LAWS OF THE MOON'S MOTION

According to Gravity.

BY JOHN MACHIN,

Astron., Prof. at Gresh., and Sec. to the Roy. Soc.

A new Edition,

(With the LIFE of the AUTHOR; and a PORTRAIT, taken from the Buſt in the Royal Obſervatory at Greenwich)

CAREFULLY REVISED AND CORRECTED BY

W. DAVIS,

Author of the "Treatise on Land Surveying," the "Use of the Globes," Editor of the "Mathematical Companion," &c. &c. &c.

IN THREE VOLUMES.

VOL. II.

London:

PRINTED FOR H. D. SYMONDS, NO. 20, PATERNOSTER ROW.

1803.

Printed by Knight & Compton, Middle Street, Cloth Fair.

《自然哲学的数学原理》书影

为它们基本属于17世纪科学革命的大扩展，与17世纪创建的经典力学等理论并不冲突。

以经典力学为领航的近代科学在阐释自然现象与规律方面取得了巨大成功。然而，19世纪末黑体辐射研究中的“紫外灾难”和以太漂移实验对物理学形成了挑战，诱发了第二次科学革命，即以20世纪初期物理学的突破为核心，以量子力学、相对论、DNA双螺旋模型等重大理论创建为主要标志的知识变革，其间的代表人物有普朗克（Max Planck）、爱因斯坦、沃森（James D. Watson）等科学家。这次科学革命提出了新的时空观，揭示了微观粒子、宏观宇宙、生命世界的本质和规律。

技术革命是指技术的飞跃性变革，也是人类生存发展手段的变革，表现为集群式的发明和科学的创造性应用，并且总是与工业革命相伴发生[①]。工业革命又称产业革命，是生产力和生产关系的重大变革。在工业革命中，企业成为技术发明的重要贡献者和技术创新的主体。

第一次工业革命和技术革命始于18世纪中叶的英国，以蒸汽机的发明和应用以及机器大生产替代手工业生产为标志，最著名的代表人物是瓦特（James Watt）。这次革命持续到19世纪前叶，以机械化为基本特征，包括纺织、采煤、蒸汽机、轮船、铁路、机床等技术的集群式突破和新产业群的兴起。

---

① 中国科学院. 科技革命与中国的现代化：关于中国面向2050年科技发展战略的思考［M］. 北京：科学出版社，2009: 10–19.

普朗克

爱因斯坦

瓦特

Side view or Section of one of the Albion Mill Steam Engines.
Fig. 3.
Fig. 1.

蒸汽机结构图

第二次工业革命和技术革命大致始于19世纪30年代，持续到20世纪初，标志性技术有电力、电器、内燃机、炼钢、汽车、石油等，代表人物有法拉第（Michael Faraday）、冯·西门子（Ernst Werner von Siemens）、爱迪生（Thomas A. Edison）、狄赛尔（Rudolf Diesel）、贝塞麦（Henry Bessemer）等。这次革命催生了一大批新型产业，并使第一次工业革命中的技术和制造业得以全面升级，将19~20世纪的工业化引向电气化。

法拉第

在古代，科学属于学者的知识传统，而技术属于工匠的技艺传统，这两种传统尚未密切结合，很多技术发明都不是科学的应用，甚至可以说技术的发明往往先于科学知识的形成。例如，人类在几千年前就已经掌握酿制含酒精饮料的技术，但到近代才弄清楚酿酒工艺中的化学原理；古代机械发明大多直接源于实践，而不是杠杆原理等力学知识的应用。到第一次和第二次工业革命时期，工匠传统与科学传统相结合，即技术越来越多地以科学的应用作为基础，导致工程科学（engineering sciences）的兴起[①]，彰显出 16~17 世纪科学革命的实践意义。可以说，第一次工业革命是世界技术发展的最大拐点，从那时起，技术由古代阶段跃向近代阶段。

第三次工业革命和技术革命始于 20 世纪前叶，标志性技术突破出现在电子、化工、航空、航天、核能、计算机和信息等多个领域，代表人物有很多，包括弗莱明（John A.Fleming）、肖克利（William Shockley）、冯·布劳恩（Wernher von Braun）、冯·诺依曼（John von Neumann）、图灵（Alan M. Turing）、莫奇利（John W. Mauchly）等人。比较而言，电子和信息科技的影响最为广泛和深刻。信息科技及其与其他学科的交叉催生了新的科研模式，如数据密集型范式[②]。

---

① 到了现代，工程科学与农业科学以及其他相关学科构成了所谓的技术科学（technological sciences）（参见：中国大百科全书出版社简明不列颠百科全书编辑部．简明不列颠百科全书［M］．北京：中国大百科全书出版社，1985: 233.）。

② 浙江大学创新范式研究组．创新范式：日用而不觉的变革力量［M］．杭州：浙江大学出版社，2024: 37–50.

第一台电子计算机

第三次工业革命使工业化朝着信息化方向发展。

近代以来，科学与技术越来越相互依赖和渗透，科学革命与技术革命的联系愈加密切。第一次科学革命并未直接引发第一次技术革命，却为第一次技术革命的升级及第二次技术革命的发生奠定了理论基础。例如，经典力学与数学促使机械知识发展为一门工程科学，电磁理论导致电机、无线电等重大技术的发明，热力学促进了内燃机的发明。第二次科学革命中的量子物理学成为半导体、核能、新材料等技术发展的知识源泉。技术革命以仪器和实验装置的发明，为科学探索提供了更有效的手段。

科学革命和技术革命都是知识体系的变革，新旧知识之间可能是更替关系，也可能是扩展或层叠的关系。某次科学革命或某次技术革命可能呈现出不同阶段。例如，第一次科学革命在 19 世纪进入物理学、化学、数学、天文学、地质学、生物学等多学科大发展的阶段；第一次工业革命和技术革命延续到 19 世纪初期轮船和铁路等发明的问世，当轮船、蒸汽机车、机床等技术还在不断进步时，新技术革命已经开始。第二次工业革命和技术革命中诞生的电力、钢铁等技术带动了第一次工业革命中兴起的技术的升级。第二次科学革命的成果转化为新技术和生产力的速度远高于第一次科学革命成果向生产力的转化。

科技史、科技哲学和科学社会学等学者都试图对科学革命或技术革命作出合理的解说，例如，库恩撰写《科学革命的结构》，将科学家共有的信念、理论、方法、工具等视为“范式（paradigm）”，并用范式、科学革命、常规科学等概念和历史案例，阐释了已经发生的物理学变革。他认为，科学的发展表现为常规阶段（渐进式积累）与革命阶段的相互交替，即常规科学—科学反常—科学危机—科学革命—新常规科学；科学革命就是新旧范式的更替。当然，学术界对于科学革命的认识还在深化之中。

20世纪前叶之后，科学进入常规发展阶段，甚至被视为“沉寂”阶段[①]。科学现在是不是处在革命期或革命的前夜？如果不是，那么，新的科学革命将在什么时候首先在哪里发生？这是近些年来中国科学界特别关注的一个问题。

当代科学从业队伍庞大，巨大的论文发表量可能使人们产生“知识爆炸”或“革命”的错觉。试想，与爱因斯坦1905年发表的狭义相对论和1916年发表的广义相对论相比，当代学者发表的关于相对论的众多论著究竟有多大含金量？

在发生过科学革命或工业革命的意大利、英国、法国、德国等国家或地区，科学家和发明家主要是本土培养的，即以内生为主。在18世纪，俄国科学的发展得益于引进的西欧优秀科学家，后来逐渐靠本土培养的人才。美国在20世纪前叶已能够大批培养优秀科技人才，在“二战”期间又得到欧洲流失的优秀科学家，而德国科学因战争和流失科学精英等因素有所衰落[②]。

---

① 中国科学院．科技革命与中国的现代化：关于中国面向2050年科技发展战略的思考［M］．北京：科学出版社，2009: 3.

② 参见：李工真．文化的流亡：纳粹时代欧洲知识难民研究［M］．北京：人民出版社，2010.

在全球化的当代，许多国家在立足于培养本土人才的同时，也积极争取国际科技精英与潜力好的青年学生。优秀人才容易向发展条件好和机会多的发达国家聚集。后发国家在人才竞争中总体上处于劣势，其科技发展主要靠内生的人才。

科技革命的发生与科技活动的地理分布有密切的关系，科技活动通常活跃在社会发达与文化繁荣的地区[①]。科学史家贝尔纳认为，1400 年以来世界技术和科学活动中心经历了从意大利的佛罗伦萨、威尼斯和帕多瓦，到英国伦敦，又到法国巴黎，再到德国柏林，最后到美国新英格兰和加利福尼亚的转移，但他也注意了技术和科学活动繁荣的其他城市[②]。科学史家汤浅光朝在 1962 年对科学活动中心转移现象做了定量的分析[③]。他给出了一个统计性质的简要定义：当一个国家在一定时段的科学成果数超过全世界科学成果总数的 25%，这个国家就可以称作当时的科学活动中心。他和贝尔纳重点关注的是意大利半岛、英国、法国、德国等科学革命的发生地，这些地方出现了一些影响世界的重大科学突破和科学大师。

---

① 科学活动中心的形成是复杂的社会现象，关系到经济、政治、社会和文化等多种因素。技术变革较多受到需求的驱动，而科学探索更需要自由的思想（参见：董光璧．创造与自由：对中国现代化历史的反思［N］．中国科学报，2012-01-01.）。

② 贝尔纳．历史上的科学［M］．伍况甫，译．北京：科学出版社，1959: 726–728.

③ YUASA M. Center of Scientific Activity: Its Shift from the 16th to the 20th Century［J］. Japanese Studies in the History of Science, 1962(1): 57–75.

贝尔纳和汤浅光朝都基于对历史的总结，描述“科学活动中心转移”现象，对这种现象的认识似乎尚未达到“规律”的程度。人们据此难以对未来的中心作出比较准确的预测。贝尔纳当年对苏联的科学研究比较乐观，估计苏联是继美国之后的下一个科学活动中心。汤浅光朝估算科学活动中心在欧洲的转移周期大约是 80 年，进而预测美国应该大约在 2000 年失去中心地位。实践证明，他们二位所作的外推性质的预判都不准确。俄罗斯继承了苏联的主要遗产，其科学研究的国际地位不升反降。

佛罗伦萨

科学活动中心是一个内涵比较模糊的概念。在任何历史阶段，除了个别国家是首要的科学活动中心，还有若干国家具有“亚中心”的地位，呈现为多中心并存的格局。在当代，美国是世界科学活动的首要中心，在许多学科领域处于世界领先位置；英国、德国、法国、日本等国家则是“科学活动的亚中心”，它们在诸多学科领域处于高水平，甚至在部分学科领域处于领先地位。中心和亚中心构成世界科学发展的第一方阵。苏联曾在自然科学和工程科学的一些领域取得了领先世界的成就，称得上科学活动的一个亚中心。科学成果有从中心和亚中心向其他国家和地区扩散的趋势。

纵观人类文明史，我们可以看到世界科学技术是由不同地区和不同民族共同创造的。处于非中心地位的国家和地区也是世界科技发展的重要贡献者。古代世界也存在科学活动中心的现象，巴比伦、埃及、中国、希腊等国家或地区都曾为科学与技术的进步作出了突出贡献。

2.3 理解李约瑟之问

明清时期，利玛窦（Matteo Ricci）等欧洲传教士纷纷来华，他们夸赞过中国的文化和文官制度，但也看出了中国天文、数学等学科的短板。来华传教士们以书信等方式向欧洲人介绍

莱布尼茨

自己在中国的所见所闻，唤起了欧洲人对中国的兴趣。数学家、哲学家莱布尼茨从未到过中国，但间接地对这个神秘的东方国家有所了解，认为中国是东方的欧洲，还撰写了《中国近事》（1697 年）一书。

莱布尼茨在 1689 年与从中国返回欧洲的耶稣会士闵明我（Philippus Maria Grimaldi）在罗马邂逅，同年 7 月 19 日在给这位传教士的信中写道：

“到现在，我们与东方只有贸易关系即从印度人那得到了调料以及其他一些土特产，而还没有得到真正的严格意义上的科学知识。现在有希望得到这些，欧洲应该感谢您。您给中国人传授我们的数学科学，作为补偿，中国人亦有义务通过您传授给我们他们通过长期观察而取得的有关自然方面的知识。物理学更多的是建立在实际观察之上，而数学则以理性的纯粹思维为基础。在后一方面，我们欧洲人非常出色，但在实际经验方面中国人则胜一筹，因为他们的王国数千年来一直繁荣，古老的传统因此能够保持。为了使自己以后不会抱怨轻易地失去了一次千载难逢的良机，不会后悔未能充分利用您的热情，我在附上的一页纸上记录了几个小问题……”①

① 李文潮．莱布尼茨致闵明我的一封信及附录［J］．中国科技史料，2002(2): 89-94.

莱布尼茨向闵明我提出了如下30个问题，其中28个问题都是关于中国的。

问题1：据说中国人在制造火药方面比欧洲人强，是否属实？还有，他们是否真的能够制造一种“绿火”，而我们却不会？

问题2：人参根是否真的具有那种人人常常认为的良好的治疗作用？

问题3：是否有一些特别好的，首先是有实际用途的植物值得引植到欧洲或者至少是信奉基督教的地区？

问题4：卜弥格神父的《中国植物志》是否还能找到？还有哪些有关中国的颇有价值的书籍还没有发表？

问题5：中国有种坚硬如铁的木材，非常直，适宜于做乐器中的喇叭。

问题6：有一种不知何名的金属，来自东印度，可以用来备热茶，与铁皮相似，上面镀一层含银的铅，但又不是铁，易弯。

问题7：中国人是否把浸泡软了的纸及其他纤维品用线织在一起？假如是，他们是怎么做的？他们的造纸工艺有何特别之处？

问题8：通过什么样的方式，中国人可以每年收获两次蚕茧？

问题9：制造瓷器的土有何特性？用此土烧成的瓷器是自身透明呢，还是在烧制时加入了石灰与金属？

问题10：有一种用皮革做成的吹起来后便是可冲气的坐垫，这种皮革是如何加工的？

问题11：他们是否有特别有用的材料？是否有可以防御水火的泥灰浆，亦可以用来加固鱼塘，起到挡水即固水的作用？

问题12：日本的金属薄片的制作工艺。

问题13：中国的玻璃工艺与欧洲的有何不同？因为中国的玻璃易碎，然而亦易熔化。

问题14：有无已证明疗效良好的药物值得欧洲模仿甚或带到我们这来？如同我们的人成功地模仿了“摩可斯”的提炼法一样。还有中国人的外科手术技巧。

问题15：在中国的古老文献中是否找不到几何证明的痕迹？是否没有形而上学的迹象？他们是否真的不知道毕达哥拉斯觉得值一百头牛的那个定理？

问题16：中国何时开始观察天象的？是否可以得到他们的观察记录，以便补充与完整天文历史？

问题17：能够保持不褪色的染料剂。

问题18：在丝绸上贴金的技术工艺。

问题19：他们是怎样制造可以垫入衣服、枕头以及其他物品之内的由丝作成的絮子的？

问题20：他们是否总是用木头雕刻印刷时用的字模？还是将模字压入某种柔软的材料上，这种材料会自动变硬，因此可以缩短工作时间？

问题21：对位于北亚与北美之间的海洋人们是否一无所知？关于日本以外的那个叫作“Jezzo”的地方的地理位置的情况，对那一带的地理图的更正。

问题22：将中国史书特别是自然科学方面的书籍中的

某些有用的章节译为拉丁文的情况。

问题 23：中国人使用的地平风车。不管刮什么方向的风，这种风车均可转动。

问题 24：他们是否有些值得欧洲模仿的机器？他们用什么方法移动大块石头的？为什么投入许多人力？

问题 25：对所谓的发明掌握中国文字的“钥匙”应寄何种期望。

问题 26：中国人如何用大米酿造并不亚于我们的制品的烧酒？他们的化学是哪一类的？他们用什么方式将（各种不同的）金属分开？是否使用容器与水压？他们从沙中淘金，在这方面有无特别之处？

问题 27：农田耕作以及园林工艺方面中国人有无人工制作的经济而实用的辅助工具？是否值得画成图？

问题 28：是否有一些能使生活变得舒适的日常技术值得模仿，因而值得引进到欧洲？

问题 29：中国人的战争技术以及军事方面的其他实践活动如何，还有航海技术？可以折叠起来的帆是怎么制造的？为了防止帆的震荡动摇中国人用什么样的桅杆？

问题 30：中国的矿石井技术。他们怎样获取食用盐、碱以及类似产品？

这些问题反映出莱布尼茨对中国的好奇和重视。他想求证听说的知识，还希望探寻新知识，不过，闵明我只是对其中 12 个问题作了简单的回答。他们的问答在一定程度上反映出 17 世纪中国与欧洲在技术、科学和文化上的差异性和互补性，也说明了传教士理解中国知识传统的局限性。

18世纪，以巴多明（Dominique Parrenin）为代表的来华传教士以及以德梅朗（Dortous de Mairan）和伏尔泰（Voltaire）为代表的法国科学家和学者认为中国科学处在停滞或衰落的状态，甚至还处于欧洲科学二百年前的阶段[①]。进入19世纪，中国在科学上与欧美的差距进一步拉大。1883年8月15日，物理学家罗兰（Henry A. Rowland）在美国科学促进年会上做题为《为纯科学呼吁》的演讲，其中对中国科学作了如下负面的评论：

“我时常被问及这样的问题：纯科学与应用科学究竟哪个对世界更重要？为了应用科学，科学本身必须存在。假如我们停止科学的进步而只留意科学的应用，我们就会很快退化成中国人那样。多少代人以来，他们在科学上都没有什么进步，因为他们只满足于科学的应用，却从来没有追问过他们所做事情中的原理。这些原理构成了纯科学。中国人知道火药的应用已经若干世纪，如果他们用正确的方法探索其特殊应用的原理，他们就会在获得众多应用的同时发展出化学，甚至物理学。因为只满足于火药能爆炸的事实，而没有寻根问底，中国人已经远远落后于世界的进步，以至于我们现在只将这个所有民族中最古老、人口最多的民族当成野蛮人。”[②]

在很多现代科学家眼里，科学的应用会导致或促进技术发明。这当然是现代科学与技术发展的一种现象。罗兰

---

① 韩琦．关于17、18世纪欧洲人对中国科学落后原因的论述［J］．自然科学史研究，1992(4): 289–298.

② 罗兰 H A. 为纯科学呼吁［J］. 王丹红，译．科学新闻，2005，（5）: 42–46.

简单地将火药之类的古代技术误解为“科学的应用”，认为中国人没有追问技术背后的科学原理。其实，欧洲人在近代科学革命时期才系统探究技术背后的科学原理，在此之前，尤其是工业革命之前欧洲用的也是古代农业社会的技术和科学，这些技术大多都不是科学的应用。古代经验科学与技术只是近代科学形成的必要条件，但不是全部条件。

19 世纪西方工业化国家凭借先进的近代技术扩张到东亚，对中国造成直接的冲击。从鸦片战争到甲午战争，再到庚子事件，清朝一再战败，这充分表明中国农业社会技术与西方工业社会技术的巨大差距，引发了学者和官员对中国科学技术传统的反思。如第一章所述，任鸿隽在 1915 年发表文章，专论中国古代没有近代科学的原因。1935 年，竺可桢发表《中国实验科学不发达的原因》一文[①]，文中所说的“实验科学”当然是指近代科学。在国外，德国汉学家魏特夫（Karl A. Wittfogel）在 1931 年就中国古代科学发展水平问题提出了自己的看法：“除了历史科学、语言科学和哲学而外，中国只在天文学和数学方面得到了真正的科学上的实际成就；而就整个的情形看来，那和工业生产的形成有关的自然科学，不过停滞于收集经验法则的水准罢了。”[②]

---

① 竺可桢．中国实验科学不发达的原因［M］// 张柏春，高峰，陈晓珊．中国近代科学先声．济南：山东科学技术出版社，2024: 430–435.

② 魏特夫．中国为什么没有产生自然科学［M］// 刘钝，王扬宗，编．中国科学与科学革命：李约瑟难题及相关问题研究论著选．沈阳：辽宁教育出版社，2002: 36–44.

中國實驗科學不發達的原因

·竺可楨·

（民國廿四年十月廿七日中國科學社成立二十週紀念中央廣播電台演講稿）

中國古代對于天文學，地理學，數學，和生物學統有相當的供獻，但是近代的實驗科學，中國是沒有的。實驗科學在歐美亦不過近三百年來的事。意大利的伽利略可稱爲近代科學的鼻祖，他是和徐光啓同時候的人。在徐光啓時代西洋的科學幷沒有比中國高明得多少，我們只要比較那時候中西天文學家計算月蝕時刻分度精密的程度，便可知道了。據徐光啓說，(1)依中國舊法月蝕加時前後可差至三四刻，但依那時泰西新法亦要差到半刻左右，可見那時歐洲的天文學比中國舊有的天文學强得尙有限，到了十九世紀以後，歐洲的科學突飛猛晉，歐洲的物質文明也就遠非中國可比了。

譬如以交通而論，從孔孟時代一直到拿坡侖時代二千多年最快的交通工具始終是用馬，用驛站。自從有了汽船，火車，汽車，飛機以後，交通的速度增加至數十倍，人們對于時間的觀念和空間距離的觀念完全改變了。

歐美近代的物質文明，是以實驗科學爲種子而培養出來的，但是爲什麼中國不能產生實驗科學呢？我今天講的就是要想解答這個問題。

中國科學的不發達有人以爲是因爲中國人觀察力的薄弱，和數字的不精確。有人以爲受了科舉制度的流毒。但這兩說統不能解釋爲什麼中國不能產生實驗科學的一個問題。中國人觀察能力幷不比歐美人粗淺薄弱，古代天文書如甘石星經，晉書天文志裏所說各宿星宿的位置，雖在當時並無儀器可言，但方位仍舊還正確。地理書像玄奘大唐西域記，徐霞客游記，對于山川的分佈，道里的遠近，也能言之鑿鑿。釋迦牟尼誕生的地方，悟道的地方，當于今日何處，在印度典籍裏沒法可以追究。所以在大唐西域記未繙譯成歐文以前，有許多人像牛津大學威爾遜教授，就不承認釋迦牟尼實有其人。從1857年法國儒略(Stanislas Julien)把西域記繙譯以後，英國的考古學家就根據此書，按圖索驥的來追求佛國的遺跡，釋迦的一生在地球上才算有了着落。到如今大唐西域記這部書凡到印度考古的人，尙奉爲寶筏。(2)這也可見中國人記述的忠誠和觀察的精確了。

至於時文八股的束縛人的思想自由，消磨人的光陰，的確于中國科學的不能發達有相當影響。但從兩宋到明清凡是有識見的人，從朱晦菴文文山，到顧景范袁子才沒有不痛恨科舉，鄙棄時文的。有許多學者最初作時文爲了要功名，等到有地位以後，就可鑽研他們所喜歡的經史學問去了。所以清朝雖以八股取士，仍舊無礙于當時漢學的發揚，從此也就可以曉得科舉制度，並非科學不發達的主要原因了。

據我個人的見解，近代科學即實驗科學所以在中國不發達，是由於兩種原因。一是不曉得利用科學工具，二是缺乏科學精神。實驗科學最重要工具，是人們的兩隻手。不用手無論什麼實驗也難得做的。希臘的科學家對于幾何學天文學供獻極大，但是希臘不能產生實驗科學，也是因爲希臘人鄙視勞動的緣故。(3)希臘以後，羅馬時代對于科學可說沒有什麼貢獻，不久就到了中世紀黑暗時代。等到十六世紀中葉，才產了近代科學的開山祖師伽利略。當這時候，亞列士多德的學說和聖經是一樣的被人看作金科玉律，不可指摘的，凡是敢批評亞列士多德的就要被認爲異端妖妄。據亞列士多德說，凡是物件下降的速度，和他的重量是成正比例的，一個重十斤的彈丸下降的速度要比重一斤的快十倍。這本是很武斷的話，但自從亞列士多德到伽利略一千九百多年中竟無人敢發一疑問，惟有伽列略才敢大胆地用實驗方法來證明這學說的錯誤。他的批薩斜塔的試驗，是舉世聞名的。他從一百八十一尺高的塔頂上把一鎊重的球和十鎊重的球，同時丢下來，結果差不多兩球同時着地。當時雖則還有人認定這是他們眼睛視官的被欺騙，因爲亞列士多德是決不會錯誤的，但因此就引起了大衆對于經傳中所說的話的懷疑心。

批薩塔的試驗，奠定了近世科學的基礎，它的意義很重大，但是所用的工具最簡單也沒有了，除了兩個一小一大之球而外，就是一雙手把他們搬到塔頂去。以後實驗的範圍，漸漸的推廣，有需要才能產生發明（necessity is the mother of invention），測量的器具也得慢慢的加多加密。從量尺天秤和伽列略自己製的天文鏡起，直到現今量光波的長短，量原子的輕重，以及二百英寸直徑的天文鏡等儀器止，雖然巧妙不同，但是運用還是在手。

鄙視勞作是我國古代聖賢傳統的一種觀念，樊遲請學稼，請學爲圃，孔子就給他碰釘子。孟子說勞心者役人，勞力者役于人。向來我國士大夫階級統不喜用手，所以把指甲養得很長，表示手是祇可用來握筆寫字，拿筷吃飯，不作別用的。到了兩宋，程朱諸子提倡致知格物，實驗科學好像有一線的光明了，但他們的格物全是心中推想，紙上空談，並不用手去試驗的。所以今天早晨胡適之先生在紀念會中已經講過王陽明批評朱晦菴的格物，說他曾經費七天的工夫，竭其心思來格亭前竹子的物，結果物沒有格成，反而勞思成疾。實際要格竹子的物，就得像廣東嶺南大學麥克樂先生（McClure）的方法去格。他從民國九年起到民國廿二年已從各處地方移植到嶺南物園裏有五百五十株各別的竹子。竹子開花是很難得見的，植但在民國廿二年的夏天，嶺南植物園裏就有二十六種不同的竹子，同時開花。普通以爲竹子開花後就要死的，但麥克樂先生就證明竹子開花後不一定死，要看那一種竹子而定。(4)當然植物分類學本身是很繁複的一種科學，不過竹子的移植，和上

竺可桢《中国实验科学不发达的原因》

生物化学家李约瑟在1943年2月来到战时的中国，并且在中国工作了三年。他敏锐地注意到中国人习以为常的技术和科学知识的重要价值，在1948年开始专心研究中国知识传统，主撰七卷本的《中国科学技术史》（*Science and Civilisation in China*）。他以跨文化的视野，将中国的科学与技术置于欧亚文明的历史中加以考察，探讨知识的起源和可能的传播，书写出微观考释和宏观叙事相结合的“联系的知识史”[①]。

李约瑟的《中国科学技术史》丛书系统阐释了中国的科学技术传统，并且起到了“让世界了解中国”的重要作用，在1983年获得中国的国家自然科学一等奖。这部巨著研究的核心问题是所谓的“李约瑟之问”，其表述见于不同时期发表的论著。早在1944年10月，李约瑟在浙江大学（贵州湄潭）演讲时指出“问题之症结乃为近代实验科学与科学之理论体系，何以发生于西方而不于中国也？”[②]他在1954年出版的《中国科学技术史》第一卷中继续提问：中国人怎样“在3~13世纪之间保持一个西方所望尘莫及的科学知识水平”？“为什么近代科学，亦即经得起全世界的考验并得到合理的普遍赞扬的伽利略、哈维（Harvey）、维萨留斯（Vesalius）、格斯纳（Gesner）、牛顿的传统——

① ZHANG Baichun, TIAN Miao. Joseph Needham's Research on Chinese Machines in the Cross-Cultural History of Science and Technology［J］. Technology and Culture, 2019, 60(2): 616–624.

② 李约瑟．中国之科学与文化［J］．林文，译．科学，1945,28（1）：54–56. 笔者认为，这句话里的“modern”译为“近代”比“现代”更妥当。

李约瑟

李约瑟主撰《中国科学技术史》书影

卢嘉锡主编《中国科学技术史》书影

这种传统注定成为统一的世界大家庭的理论基础——是在地中海和大西洋沿岸，而不是在中国或亚洲其他任何地方发展起来呢？”[①]

李约瑟在1964年发表的《东西方的科学与社会》中再次简短表述了他的核心问题：

“大约在1938年，我开始酝酿写一部系统、客观、权威性的专著，以论述中国文化区的科学、科学思想、技术的历史。当时我认为最重要的问题是：为什么近代科学没有在中国（或印度）文明中发展，而只在欧洲发展出来？不过，随着时光的流逝，我终于对中国的科学和社会有所了解，我渐渐认识到还有一个问题至少同样重要，那就是：为什么从公元前1世纪到公元15世纪，在把人类的自然知识应用于人的实际需要方面，中国文明要比西方文明有效得多？”[②]

这段话应该就是“李约瑟之问”或“李约瑟难题”的比较完整的概括。

有学者注意到“李约瑟之问”自身的逻辑矛盾，认为它在语义上和地域定义上都不自洽[③]。如果将近代科学定义为产生于西方的科学，那就造成“西方的科学为什么产生于西方”的同义反复。实际上，“李约瑟之问”的逻辑问

---

① 李约瑟．中国科学技术史：第一卷［M］．孙燕明，王晓华，吴伯恩，译．北京：科学出版社；上海：上海古籍出版社，1990: 1, 18.

② 李约瑟．文明的滴定：东西方的科学与社会［M］．张卜天，译．北京：商务印书馆，2018: 176.

③ 张秉伦，徐飞．李约瑟难题的逻辑矛盾及科学价值［J］．自然辩证法通讯，1993, 15(6): 35–44.

题还不止于此。李约瑟所说的中国古代“自然知识”就是古代科学，而自然知识“应用于人的实际需要”指的是古代技术[①]，近代科学则是关于自然界的假说的数学化。按照他的表述逻辑，古代科学的有效应用应该导致近代科学的产生。其实，大多数古代技术都不是科学的应用，近代科学在欧洲的产生也不是古代科学有效应用的结果，这两个基本史实并不支持“李约瑟之问”的逻辑。

尽管存在逻辑问题，“李约瑟之问”还是非常有启发性和开放性的，它激发人们思考和研究中国的知识传统及其发展动力。李约瑟本人以及中外学者多年致力于寻找这个问题的答案，并将中国与古希腊及近代早期的西欧作比较，讨论了许多可能妨碍中国古代科学向近代科学发展的错综复杂的因素，涉及地理环境、经济模式、封建官僚制度、科举制度、宗教、哲学思想、知识体系的缺陷、重农抑商和追求实用的价值取向，等等。

迄今，中外学者尚未找到“李约瑟之问”的令人满意的系统答案。例如，有学者认为儒家妨碍了自然科学的发展，但席泽宗和程贞一认为“孔子的思想与措施对科技发展不但无害而且是有益的，对早期科技在中华文化中的发展有极重要的帮助”[②]。儒家注重人文和社会，有利于中国农业

---

① 李约瑟与很多自然科学家一样，容易将技术视为自然科学的应用。在工业革命中，自然科学应用于各技术门类才开始成为普遍的现象。

② 席泽宗.古新星新表与科学史探索:席泽宗院士自选集[M].西安:陕西师范大学出版社,2002: 464-475.

社会的治理，与自然科学并没有本质的冲突，正如李鸿章强调的“余喜西学格物之说，不背于吾儒”[①]。客观地看，不利于古代科学成长的不是儒家本身，而是汉代开始推行“罢黜百家，独尊儒术”的政策安排以及后来的科举制度。科举制度作为选人的“指挥棒”，在朝廷治理社会方面发挥了积极作用，同时将众多社会精英引导到那些处于主流地位的非自然科学领域。

“李约瑟之问”是针对未发生的事提出的，问的是为什么某一件事或某一种现象没有发生在某地。这不是历史研究的常规问题，历史学家通常探究的是为什么某事在某地某时发生。从世界范围来看，科学革命或工业革命首先发生在欧洲，这是知识史上的特例[②]。对于非欧洲文明，人们可以针对任何一个国家或地区问为什么没有发生科学革命。

总而言之，“李约瑟之问”是一道可以启发人们反思知识史的开放性思考题，但不是科技史研究者的必答题。

---

① 李鸿章 . 增订格物入门序（1868 年）[M]// 张柏春，高峰，陈晓珊，编 . 中国近代科学先声 . 济南：山东科学技术出版社，2024: 59–62.

② 关于科学革命首先发生在欧洲的研究论著甚多，有的还被翻译成中文出版。

第3章

科学和技术的全球化

科学与技术在纵向进化的同时，还广泛地进行着常态的横向流动，这被学者们用『传播（transmission）』『扩散（diffusion）』『转移（transfer）』『流通（circulation）』『交流（exchange）』『互动（interaction）』『全球化（globalization）』等词汇加以阐释。某项具体的科学发现或技术发明首先在某地问世和发展，然后可能发生跨地区或跨文化的传播，被其他地方的人们共享或激发出再创造。

3.1 传播和全球化

通常人们所说的“全球化”主要指经济的全球化，近些年来被科技史学者用于知识史的叙事。科学技术的全球化即科技知识在全球范围的流动、传播、转移的现象，意味着科学技术的跨文化、跨地区和跨国的联系与依存关系的增强，时间不仅限于现代，还可以延伸到古代。在科技全球化过程中，接受知识的一方取长补短，或者提高知识发展的起点，还可以解决知识从“无”到“有”的问题。

几大古代文明分布在不同的地理区域，相互交通不够便利，其科学技术的发展呈现出多地起源和相对独立地平行发展的景象。不过，古代文明之间的直接或间接的科技流动和互动可能超出了今人的想象。通过贸易、传教、人口迁徙、战争等多种途径，不同文明之间进行了广泛的科技交流，很多发明创造被共享。例如，古希腊的科学知识传播到阿拉伯世界，再回流欧洲，又以新的形式传向世界。由于交流渠道的存在，既有知识的分享往往要比新知识的创造容易。许多复杂的技术和科学知识可能是通过流动而被不同的地区分享的。或许可以说，复杂知识在不同地区的一致性暗示知识流动的可能性较高。

人类文明史是发明创造的历史，也是互学互鉴的历史。中华文明为世界贡献了自己的创造，也吸收了许多外来的科学知识和技术。在古代，通过丝绸之路和其他途径[①]，各种各样的商品、技术和科学知识流动在中国与其他国家或地区之间。一方面，中国的丝绸、瓷器、火药、指南针、造纸、制茶等发明及天文、数学等知识传播到亚欧大陆的一些国家或地区；另一方面，中国分享了来自其他国家或

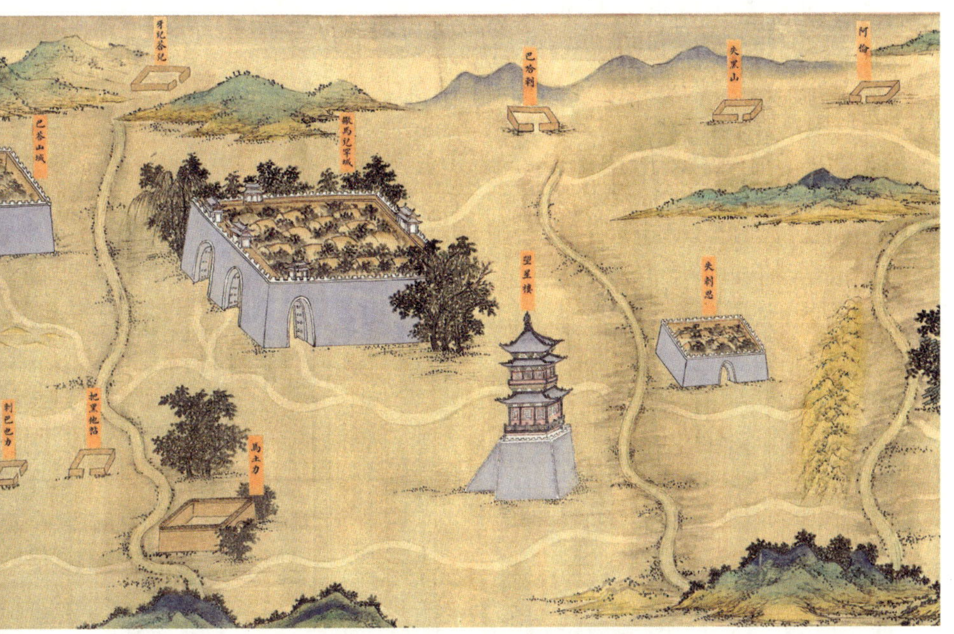

明中后期《丝路山水图》中的望星楼

① 丝绸之路既是中国与世界贸易交流的通道，又是知识传播和互动的活跃区域。丝绸之路科技交流史和比较史是学术研究的富矿，这方面的工作大有可为。2001 年，数学家吴文俊从他获得的国家最高科学技术奖中拨款建立“数学与天文丝路基金”，以支持丝绸之路科学交流史研究。2006 年中国科学院自然科学史研究所与德国马普学会科学史研究所开始筹划丝绸之路科技交流史研究，迄今已初见成效。

地区的知识和技术，包括小麦、棉花等作物栽培技术，以及天文历法等科学知识。

科学与技术的传播不一定只是简单复制，而是可能伴随着适应、创新和变革。在知识被分享和本土化的过程中，常常发生因地制宜的改变或再创造。比如，中国在西汉已经发明提花机，唐初又借鉴中亚提花机的纬向循环控制方法，创制出先进的束综提花机。后来，束综提花机启发欧洲人设计了贾卡提花机。

由于原料、工艺、语言和保密等因素的限制，有些关键技术和科学知识的有效传播经历了很长时间才实现。瓷器制造技术便是一个典型的事例。中国瓷器规模性出口始

清陈枚《耕织图》中的提花机

于唐代晚期，明清时期达到顶峰，在世界上长期处于垄断地位。欧洲人早就尝试寻找合适的原料并破解制造工艺，但直到18世纪初才找到解决原料难题的办法，摸索出新的制瓷工艺。

印刷术是唐代的一项重大发明。公元9世纪，雕版印刷用于大量印刷佛经，亦用于刻印历法、医药等书籍。11世纪，毕昇发明活字印刷术，用胶泥活字印刷书籍。不过，雕版印刷在中国长期占据主导地位，在16世纪末发展到高峰。印刷术及其与造纸术的结合为“地球村”里的人们生产和传播知识创造了高效的技术手段。印刷术和造纸术逐渐传到其他国家和地区，促进了知识全球化乃至人类文明的发展。

15世纪初期，郑和船队充分利用中国的水密舱壁、平衡舵、硬帆、指南针等多项造船与航海技术，同时借助阿拉伯水手及其导航技术——“牵星术”，实现“下西洋”壮举。在郑和之后，欧洲人进行了更大范围的航海、贸易和探险，在扩张中牟取丰厚的利益，还加速了知识的全球化，这一时期被称为“做出地理大发现”。

火药发明于唐代，在辽夏宋金元时期的战争中实现武器化，催生了火雷、火箭、火铳等重要发明。火药和火器技术向西传播，为后世的军事技术革命提供了原创知识。到16世纪，先进的火器技术由欧洲“回流”中国，在明清时期的实战中发挥了突出的作用。客观上，欧洲的佛郎机和鸟铳（火绳枪）及其制造技术的传入拉开了“西学东渐”的序幕。

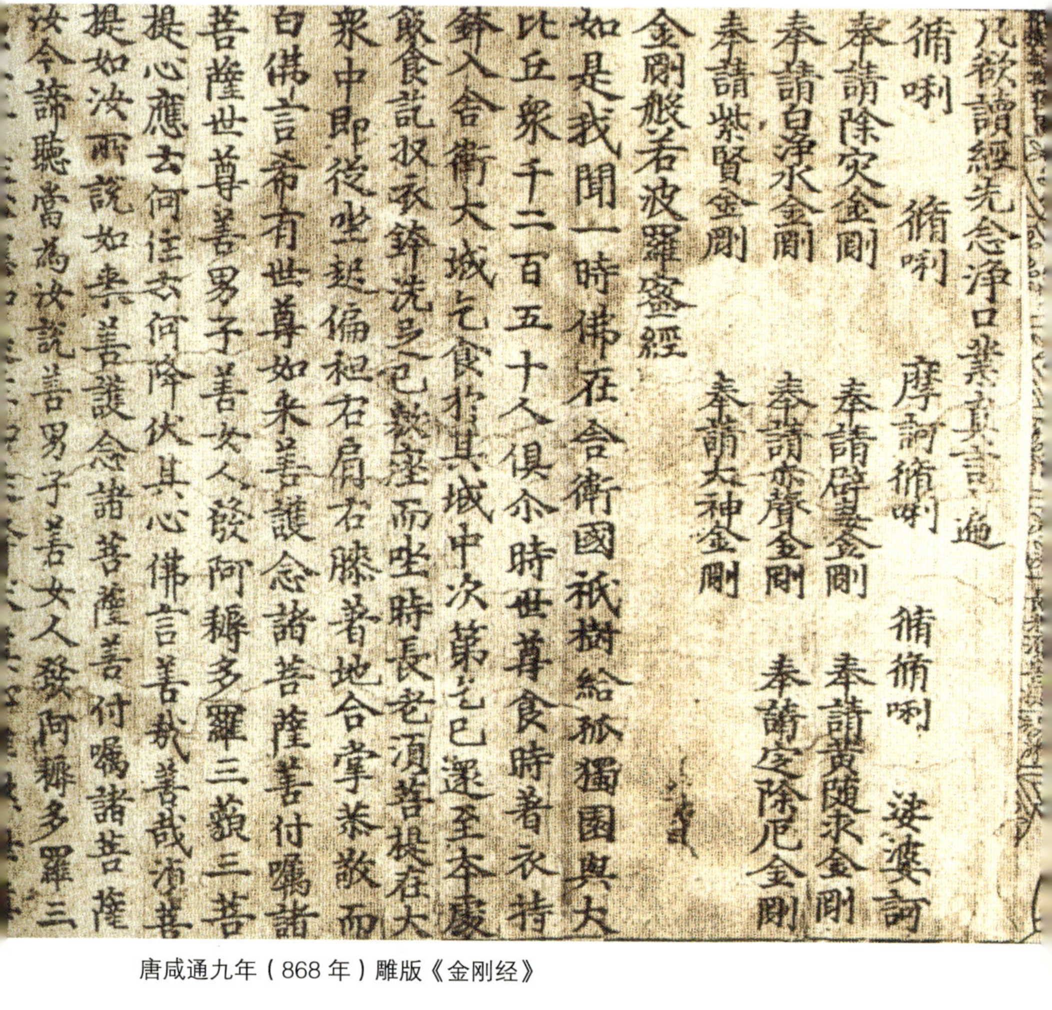

凡欲讀經先念淨口業真言一遍

脩唎 脩唎 摩訶脩唎 脩脩唎 娑婆訶

奉請除災金剛 奉請辟毒金剛 奉請黃隨求金剛

奉請白淨水金剛 奉請赤聲金剛 奉請定除災金剛

奉請紫賢金剛 奉請大神金剛

金剛般若波羅蜜經

如是我聞一時佛在舍衛國祇樹給孤獨園與大
比丘衆千二百五十人俱尒時世尊食時著衣持
鉢入舍衛大城乞食於其城中次第乞已還至本處
飯食訖收衣鉢洗足已敷座而坐時長老須菩提在大
衆中即從座起偏袒右肩右膝著地合掌恭敬而
白佛言希有世尊如來善護念諸菩薩善付囑諸
菩薩世尊善男子善女人發阿耨多羅三藐三菩
提心應云何住云何降伏其心佛言善哉善哉須菩
提如汝所說如來善護念諸菩薩善付囑諸菩薩
汝今諦聽當為汝說善男子善女人發阿耨多羅三

唐咸通九年（868 年）雕版《金刚经》

在大航海时代，葡萄牙、西班牙、荷兰等国家较早进行海外航路的探寻和殖民扩张。宗教改革之后，罗马天主教的不同教派向世界各地派遣布道团，在16世纪下半叶尝试进入中国内地传教，这引发了西学东渐，促使欧洲的火器、钟表、比例规、天文仪器、望远镜，以及地理学、数学、天文学、力学和解剖学等方面的知识被有选择地传入中国，补充了中国的知识体系，满足了经济社会发展的需求。

以利玛窦为代表的耶稣会士采取适应中国社会和儒家文化的策略，以介绍欧洲的科学与技术的方式，取得中国人的信任，为他们在华传教创造条件。耶稣会士注意到中国在天文学和火器等方面的弱点，乘明末历法编制陷入困境之机[①]，迎合中国学者和官员的兴趣，参与到朝廷的天文事业之中。邓玉函（Johannes Schreck）、汤若望（Johann Adam Schall von Bell）、罗雅谷（Giacomo Rho）等传教士采用欧洲历法体系和数学算法，于1634年为明朝编出《崇祯历书》。1645年清朝颁布以《崇祯历书》为基础的《时宪历》。从那时起，清朝先后选用传教士主持钦天监工作，包括观测天象、编制历法、制造天文仪器等。中国人不懂欧洲语言，不能直接阅读传教士带来的科学书籍，尚无自主选择知识的能力，对欧洲发生的文艺复兴和科学革命几乎一无所知。

对于传教士来说，科学技术只是传教的敲门砖，传播

① 明朝沿用元朝的《授时历》，所编的《大统历》因误差累积越来越大而导致日食推算多次不合天象。钦天监编制不出更好的历法，这为欧洲传教士参与历法改革提供了机会。

科技不是他们的主业。他们帮助中国人解决科技问题，并且试图利用数学、天文学的可验性及其他知识的实用性来类推天主教也是可验的、可信的[①]。他们偶尔也提到有关近代科学的信息。比如，南怀仁（Ferdinand Verbiest）在他的《新制灵台仪象制》中以力学知识说明新仪器构造的合理性，简单地提到伽利略关于材料和落体的力学知识；戴进贤（Ignatius Kögler）介绍了开普勒发现的行星运行轨道以及牛顿计算地球与太阳、月球之间距离的方法；蒋友仁（Michel Benoist ）介绍了哥白尼的日心说和其他天文学知识。

欧洲传教士在中国的科学技术活动一直被限制在由中西不同的政治—宗教体系相容部分的狭窄空间中，并且受到了明清帝王政治策略的影响[②]。传教士引入的知识较少超出中国自身的需求[③]。他们介绍了某些在欧洲引起巨大争议的知识，但这些知识在中国却不足以导致科学的变革。

19 世纪之前，中国人习惯于按照自己的传统吸纳外来知识的模式，选取有用的国外知识，将其纳入本土知识

① 田森．中国数学的西化历程［M］．济南：山东教育出版社，2005: 33.

② 张柏春，田森，马深孟，等．传播与会通：《奇器图说》研究与校注［M］．南京：江苏科学技术出版社，2008: 291–292.

③ 曾经有学者认为来华传教士有意隐瞒了欧洲科学研究的新成果，这至少不完全符合事实。在 17 世纪传教士带到中国的欧洲图书中，有不少反映新科学成果的著作，包括伽利略的著作。因中国人基本上不掌握欧洲的语言，故不能自己阅读这些西文书籍。

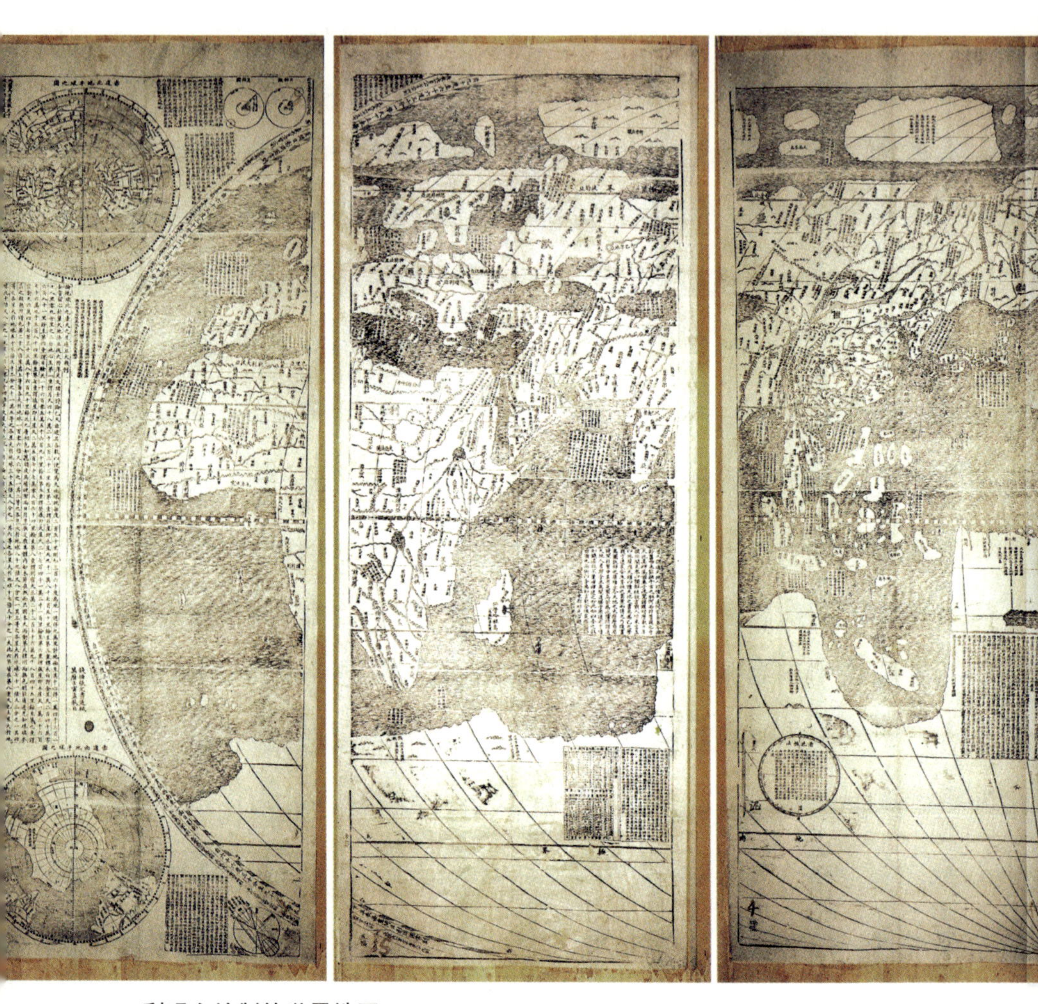

利玛窦绘制的世界地图

坤輿萬國全圖

体系。1629 年，徐光启邀请邓玉函、龙华民（Niccolò Longobardi）等传教士参与明朝的历法改革，并提出“镕彼方之材质，入《大统》之型模”的编历思路以及由“翻译”到“会通”，实现“超胜”西洋的追赶策略。在清代，康熙帝支持耶稣会传教士主持钦天监和传授西学，到 18 世纪初却试图摆脱对传教士的依赖①，组织纂修《数理精蕴》（1723 年）等书。《数理精蕴》会通了传入的欧洲数学知识与中国传统数学，其内容和范式都远离当时世界科学发展的主流，不可能使中国追赶近代科学。

中国与欧洲的交流是双向的，尽管不够对称。在莱布尼茨看来，“各类书籍、植物及其种子、工具仪器的设计图纸和模型以及其他能够运送的东西，依我看也都应当运到欧洲来。甚至可以把那些既擅长讲授语言又善于传授事物的人也一起带来。这样，我们便可以像熟悉阿拉伯语那样通晓汉语，并且有可能从我们拥有的、但至今尚未得到利用的那些书籍中汲取有用的东西”②。中国的某些植物以及风扇车、白铜等技术被介绍到欧洲，但可能不及莱布尼茨所期望的那么多。

---

① 康熙帝与法国的路易十四（Louis XIV）、俄国的彼得大帝（Peter the Great）都重视科学。不过，康熙帝不允许冲击以儒家为核心的文化，而罗马教会不能容忍其宗教受到非基督教文化的“腐蚀”。“礼仪之争”使康熙帝改变对传教士的态度，清朝在 1723 年决定禁绝天主教。结果是，依附于传教的科学技术传播跌入低谷，只有少数传教士继续在钦天监和宫中参与历算、钟表制作等活动。

② 夏瑞春．德国思想家论中国［M］．陈爱政，译．南京：江苏人民出版社，1992: 22.

17 世纪以降的中西科技错位发展预示着未来世界格局的演变。康熙帝在 1716 年 12 月预测：“海外如西洋等国，千百年后，中国恐受其累，此朕逆料之言。”过了 120 多年，鸦片战争应验了他的估计。清朝经济总量大，但技不如人，在鸦片战争中败给西方列强。为应对“数千年来未有之大变局”，清朝在 19 世纪 60~90 年代的自强运动（洋务运动）时期引进工业革命中发明的机器和技术，创办军事工业及部分相关工业，仿造西式枪炮、舰船等产品。

工业革命以来，技术转移和科学传播的速度和规模都远超过古代世界，许许多多的知识实现了跨国转移。20 世纪

鸦片战争

20~40 年代，苏联大规模地从西欧和美国引进采矿、冶金、能源、机械、电气、汽车、舰船、铁路、航空、石油、化工、纺织、耕作等门类的先进技术和设备，聘用这些国家的工程师和管理专家，建设苏联的工业、交通运输、农业以及军工等部门的重要企业，为实现工业化和科技现代化以及进行反法西斯战争奠定了坚实的基础[①]。

在冷战时期，以美国为首的西方国家对苏联和其他社会主义国家实行贸易和技术的封锁，这对社会主义国家科技的发展产生了消极影响。中国人民志愿军入朝作战之后，联合国大会通过关于对中华人民共和国实行禁运的提案。1952 年 9 月，巴黎统筹委员会增设“中国委员会”，定期公布对新中国及其邻国禁运的“战略物资”清单。贸易禁运使新中国很难从西方发达国家得到先进技术。

20 世纪 50 年代，新中国从苏联和东欧引进技术和机器设备，实施“156 项工程”等建设项目，掌握采矿、钢铁、有色金属、玻璃、石油化工、机床、量具刃具、动力机械、发电设备、汽车、拖拉机、坦克、喷气式飞机、重型火炮、舰船、仪器仪表、轴承、电子管、胶片等领域的技术，大幅度提高工业生产能力，初步建立起比较完整的工业体系和技术体系[②]。相应地，中国组织实施《1956—1967 年科学技术发展远景规划纲要》，加速发展原子能、火箭、计算机、自

---

① 参见：萨顿 A C. 西方技术与苏联经济的发展（1930—1945）[M]. 安冈，译. 北京：中国社会科学出版社，1980.

② 参见：张柏春，姚芳，张久春，蒋龙. 苏联技术向中国的转移（1949—1966）[M]. 济南：山东教育出版社，2004.

动化、电子学和半导体等最紧要的科技门类，初步构建比较完整的科研体系，逐步形成自己的研发能力①。

20 世纪 50~70 年代，中国在核弹、火箭、计算机、核潜艇、万吨水压机、远洋货轮等重器的研制以及开发大庆油田、人工合成结晶牛胰岛素、发明青蒿素类抗疟药物、培育杂交水稻等方面取得突破，显著提升了国家的实力。中国的崛起对世界格局产生了重大影响。

从 1966 年到 1976 年，中国科技与世界先进水平的差距再次拉大。1978 年中国实行改革开放的重大国策，大规模从发达国家引进先进科技和管理经验，快速推进科技和产业的全面升级和现代化，在吸收先进知识的同时积极谋求创新，不断增强国家的综合实力和国际竞争力，创造了经济社会高速发展的奇迹。

与中国科技引进的路径和来源不同，日本、韩国等亚洲国家或地区在第二次世界大战之后得到了美国和西欧的支持，搭上这些国家的“便车”，实现经济、技术和科学的快速发展，提升了创新能力和国际竞争力。

先进军事科技往往被各国严格保密和限制输出，但终究会以某些特殊的方式，至少在一定程度上被转移和分享。纳粹德国在 1942 年成功试射 A–4 导弹（1944 年改称 V–2）。在第二次世界大战中，德军向英国、法国、比利时等国发射了 3225 枚 V–2，然而，当时的 V–2 还不足以帮助纳粹

① 张久春，张柏春．规划科学技术：《1956—1967 年科学技术发展远景规划》的制定与实施［J］．中国科学院院刊，2019, 34(9): 982–991.

取得期望的作战效果。在二战即将结束之际，美苏着力争夺和分享德国火箭技术[①]。美军抢先攻占德国诺德豪森的火箭制造基地，俘获 120 多名专家以及 100 多枚 V-2 火箭、设计资料和重要仪器设备。德国顶级火箭专家冯·布劳恩于 1945 年 5 月初在慕尼黑被美军接收，他后来帮助美国人在 1969 年成功登上月球。

与美国相比，苏联在 V-2 争夺中处于下风，只得到部分的零部件、仪器、试验设备和技术文件，俘获少部分专家。苏联人选择充分利用德国的人才、技术与工业条件，

V-2 火箭

① 参见：王芳. 从模仿到创新：苏联液体弹道火箭技术的发展（1944—1951）［J］. 济南：山东科学技术出版社，2024.

在德国成功恢复V–2技术。之后，苏联人在自己的国家研发新型火箭，率先发射洲际导弹、人造地球卫星。在中国，钱学森在1956年2月向中央提出发展火箭技术的方案。1957年10月中苏两国签订《国防新技术协定》之后，苏联向中国提供了V–2的仿制品P–1和改进型P–2火箭。在仿制的基础上，中国研发了自己的新型火箭。1966年10月用东风–2A成功投射原子弹，1970年4月24日用长征一号运载火箭成功发射东方红一号人造地球卫星，为后世研制更先进的武器和发展航天事业奠定了基础[①]。

迄今，科学革命与工业革命的原发国家就那么几个，而借助知识全球化并实现现代化的国家却不少。在全球化时代，世界科技进步依赖于国际分工合作，发达国家较多地发挥着引领者的作用，其他国家也发挥着或大或小的作用，国家之间呈现出科技的互补、互鉴态势。后发国家尤其需要营造和维护良好的国际科技交流合作环境，以便更好地共享全球化的知识，提升自己的创造力。

21世纪初以来，贸易保护主义等“逆全球化”现象抬头，某些西方国家选择性地设置国际技术与科学合作的障碍，以抑制竞争对手和伙伴的发展。这对知识的全球化产生了消极影响，但也会刺激竞争对手更加努力地增强创新能力，谋求科技自立自强。当自己进入领先行列，并且有“独门绝技”的时候，才能提升在国际分工合作体系中的地位，才不怕被“卡脖子”。

① 参见：李成智. 中国航天技术发展史稿［M］. 济南：山东教育出版社，2006.

3.2 传播中的适应和改变

外来知识在传播过程中需要有所改变，以适应异地的需求和条件。耶稣会士帮助明清编制新历法，他们对欧洲的知识和技术作了适应性的改变。康熙帝于 1669 年 4 月下旨任命耶稣会士南怀仁负责“治理历法”，主持钦天监工作。同年 9 月，康熙帝批准南怀仁为北京观象台制造新仪器的请求，以满足修历的需要①。1674 年 1 月，南怀仁及其合作者制成了黄道经纬仪、赤道经纬仪、地平经仪、地平纬仪、纪限仪和天体仪②，其观测精度明显地高于观象台的旧浑仪。这些新仪器并不是欧洲仪器的直接复制，而是欧洲天文学家第谷（Tycho Brahe）的设计与中国的制造技艺相结合的“混血儿”。南怀仁和中国工匠合作，主要用中国铸造工艺，兼用欧洲的表面冷加工方法，实现仪器的欧式设计。为了应和中国的审美倾向，南怀仁选用龙的造型来制作仪器的支架或加强仪器的强度，而复杂的龙形支架是用中国工匠熟悉的失蜡法铸成的。

---

① 耶稣会士按照欧洲的理论和方法编历法，采用 60 进位制，将圆周划分为 360 度。如果继续用中国传统浑仪获得观测数据，就须解决数据的繁复换算的问题。

② 到 18 世纪中叶，耶稣会士戴进贤和刘松龄（August von Hallerstein）按照朝廷的意愿和南怀仁所用的技术，又制造出一架仪器，由乾隆帝命名为“玑衡抚辰仪”。这架仪器采用欧式刻度划分方法，而主体设计延续了中国传统浑仪的三层环结构。这与清朝当时的学术风气比较合拍，但技术水平落后于欧洲。

赤道经纬仪

欧洲力学知识在明朝启动改历之前就被介绍到中国，但其立足中国的成效远不及传教士译介的天文学和数学。

1626年底或1927年初，中国学者王徵在北京就艾儒略（Giulio Aleni）和杨廷筠编译的《职方外纪》里的奇人奇事请教龙华民和邓玉函等耶稣会士，并请求他们帮助翻译传教士带来的欧洲机械书籍。邓玉函建议王徵先阅读数学书籍，之后一起译书。王徵选择最切要、最简便、最精妙的民生日用机械图说，而邓玉函则推荐欧洲的力学知识，旨在以力学理论理解机械的“所以然”。到1627年2~3月，他们编译出《远西奇器图说录最》（简称《奇器图说》）。尽管没有完全实现邓玉函的初衷，但该书仍然是第一部将力学理论与实践者的机械技术组接起来的著作，反映着科学传统与工匠传统相结合的趋势。

《奇器图说》不是生硬的拼接之作，而是欧洲原著的选译和整合，形成了逻辑自洽的知识体系，该体系也受到了中国知识传统的某些影响。第一卷和第二卷如同一部传授静力学基本知识的教科书，其内容出自斯蒂文（Simon Stevin）、圭多巴尔多（Guidobaldo del Monte）等科学家的遵循阿基米德力学传统的著作，第三卷的54种机械图说取自拉梅利（Agostino Ramelli）、贝松（Jacques Besson）、微冉提乌斯（Faustus Verantius）和蔡辛（Heinrich Zeising）等工程师的部分真实、部分构想的机械图说。1628年《奇器图说》刊刻之后，在明清学者中传播较广，引起少部分

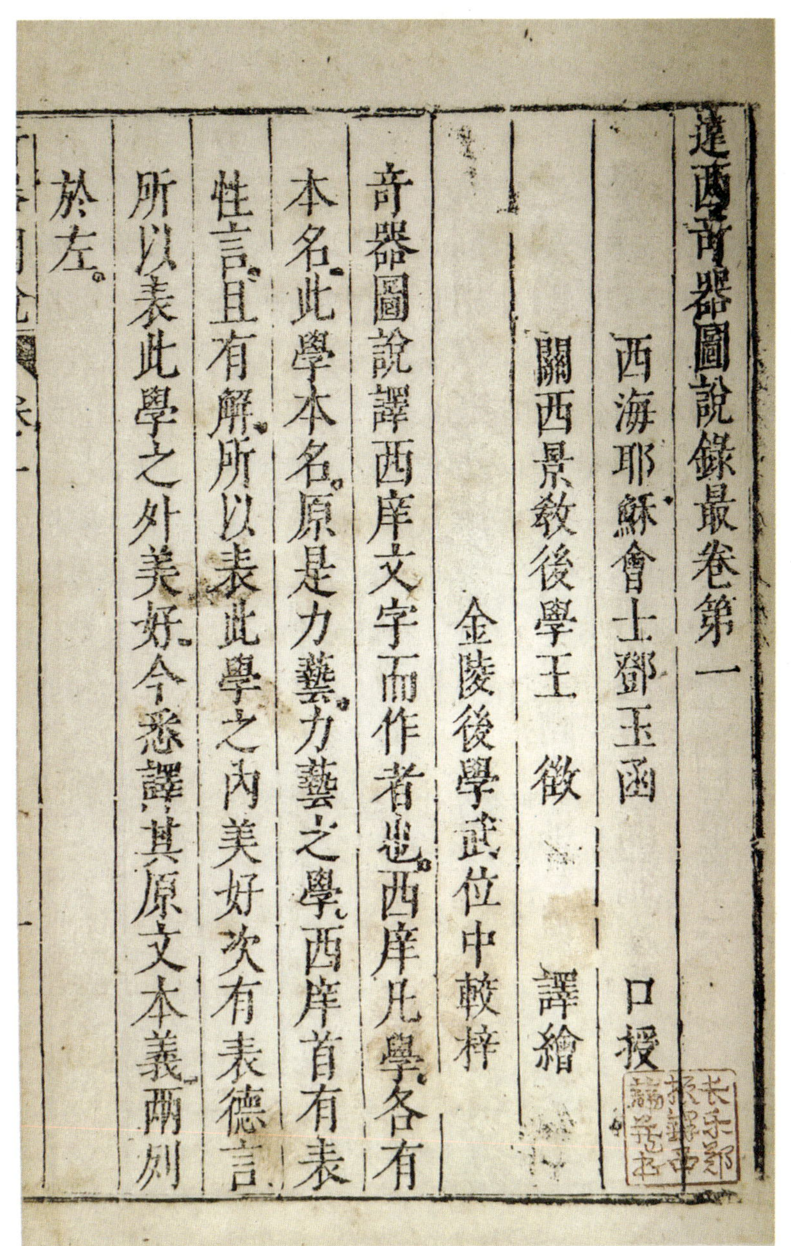

遠西奇器圖說錄最卷第一

西海耶穌會士鄧玉函　口授

關西景教後學王　徵　譯繪

金陵後學武位中較梓

奇器圖說譯西庠文字而作者也。西庠凡學各有本名。此學本名。原是力藝。力藝之學。西庠首有表性言。且有解。所以表此學之內美好。次有表德言所以表此學之外美好。今悉譯其原文本義兩列於左。

《奇器图说》书影

学者的探讨[①]。然而，欧洲的力学和机械技术至少在 19 世纪中叶之前尚未在异质文化的中国真正发展起来。

至少就技术而言，知识跨文化传播的效果取决于社会需求、知识的竞争优势、传播形式、文化差异等因素，典型的事例如火器、钟表（自鸣钟）、天文仪器、阿基米德螺旋式水车（龙尾车）等技术向明清的传播[②]。

明清时期，欧洲的火器和仪器都明显优于中国的同类制品。欧洲火器及相关技术自 1510 年开始传入中国，明清两朝都因作战需要而先后仿制欧洲的佛郎机、鸟铳和红夷炮（红衣炮），并且聘用欧洲人做技术指导，在实际作战中取得了满意的效果。如上文所述，天文历法和仪器技术都是在朝廷的直接支持下，由耶稣会士天文学家及其合作者成功移植到中国的，欧洲人及他们带来的图书起到了主要知识载体的作用。

与明清中国计时器相比，欧洲钟表有实用、精巧、美观等诸多优点。钟表实物和制造技术传入之后，填补了中国机械式计时器的缺失，深受皇帝和权贵们的喜爱。欧洲

---

① 薛凤祚在他的《历学会通·重学》（1664 年）中简编了《奇器图说》里的某些知识。数学家梅文鼎为《奇器图说》第一卷做了注释。传教士南怀仁将《奇器图说》前两卷内容编入他的《穷理学》一书。《数理精蕴》吸收了《奇器图说》的部分内容，将其列为杠杆类的算题。《四库全书》中虽收入《奇器图说》全帙，并承认书中介绍的“制器之巧实为甲于古今”，但却对《奇器图说》对“力艺之学”的盛赞不以为然。

② Baichun Zhang. Transmission, Cooperation and Competition in Device Construction between China and Europe in 16th–18th Centuries. *Nova Acta Leopoldina NF* Nr.414,Halle (Saale),2017: 99–111.

匠师在皇宫里的造办处为皇帝制作一些带有多种机巧观赏装置的钟表，而中国工匠在苏州靠仿造欧洲产品起家，经营钟表作坊，形成自己的产品风格。中国风扇车传向欧洲，并且在那里普及的情况与欧洲钟表在中国的境遇类似。

欧洲的螺旋式水车与中国的龙骨水车在构造原理方面完全不同，前者巧妙利用了螺旋装置的性能，后者是链条传动与刮板传输式的装置。但是，二者功能极为相似，复杂程度也差不多，都适用于低扬程的提水灌溉或排水，小者可借人力驱动，大者可以用牲畜或水轮或风车驱动。显然，耶稣会士熊三拔（Sabbathinus de Ursis）和徐光启合译的《泰西水法》（1612 年）与《奇器图说》描绘的螺旋式水车在性能上并不优于它的竞争者——龙骨水车。再者，中国人不熟悉螺旋类的技术，没有实物作为模仿对象，也没有欧洲人示范如何制作。中国工匠试制这种水车，一时难得要领，掌握不好车体的动平衡和防止漏水的方法。

古代技术包括产品、工具、工艺、身体技术，以及经验和意会知识，它们不易被文本充分地表达。螺旋式水车对中国人来说属于新知识。即使有人能读懂《泰西水法》和《奇器图说》等书籍，他们还必须以工匠的技能弥补文本的不足，摸索制作新式水车的技巧和窍门，这使得中国人宁愿继续使用自己熟悉的龙骨水车。

有趣的是，莱布尼茨曾在欧洲仿制中国风车。他看到了荷兰人在 1656 年描绘的中国立轴式风车（地平风车）驱动水车灌溉的田野景观，并了解到“不管刮什么方向的风，这种风车均可转动”的特性。于是，他在 1679—1685 年间尝试仿造中国风车，想用这种风车驱动阿基米德螺旋式水车，帮助哈尔茨（Harz）的矿山解决提水问题。由于荷兰人对中国风车的描绘过于简略，莱布尼茨的仿制难度要比中国工匠按照《泰西水法》仿制螺旋式水车要大得多。他不得不自己推测中国风车的风帆构造和操纵方法，却猜不出中国工匠怎样将中国式的船帆巧妙组合成风车的一组叶片。他用硬木板制作自己推测的风车叶片，结果是风车运转不佳，最终没能成功，这才有了1689年他向闵明我提出的关于中国“地平风车”的问题。

3.3 地区性的知识革命

在知识全球化进程中，科学革命、工业革命和技术革命的浪潮涌向世界各地，广泛传播新的科学与技术，在一些国家引发了“地区性的”科学革命和技术革命。

南怀仁在他的《欧洲天文学》（1687年）中把耶稣会士在北京的历法改革称作一场“天文学革命”[①]，而科学史家席文（Nathan Sivin）认为17世纪中国发生了自

① *Astronomia Europaea*（《欧洲天文学》）由高华士（Noel Golvers）译成英文。南怀仁的拉丁文表述是“Practerca cum hanc astronomicam（ut ita dicam）revolutionem…”（Golvers N, 1993, 344）。

己的“科学革命”[①]，即宇宙模型与制订历法的方法转向以托勒密（Claudius Ptolemy）和第谷等人的理论为基础，以几何学和三角学为重要的数学工具[②]。不过，他俩所称的“革命”的后果和形式均与欧洲发生的科学革命截然不同。传教士引入的异质知识尚不足以从根本上激发中国科学技术体系的变革，未能将明清学术引向欧洲那种“科学革命”。

自 1895 年起，清朝迫于形势，决定采取“新政”。清末最有成效的“新政”当属学制改革，它标志着中国对近现代科学与技术的接受由知识层面发展到制度层面。1901 年，张之洞和刘坤一奏请培养兼通西学与中国经典的新型人才。1902 年，管学大臣张百熙参照日本学制，拟订《钦定学堂章程》（壬寅学制），其内容涵盖小学、中学、大学三级学制以及实业教育和师范教育。1904 年初，清朝颁布《奏定学堂章程》（癸卯学制），其中高等实业学堂包括农业、工业、商业和商船四种。新学制的推行与科举制的废除使得舶来的近现代科学与技术成为中国主流教育的重要组成部分，开始从整体上改变中国的知识体系。

在 20 世纪的前 30 年里，中华工程师学会和中国科学

---

① SIVIN N. Why the Scientific Revolution Did Not Take Place in China–Or Didn't It?［J］.Chinese Science, 1982, 5: 45–66.

② 哈特（Roger Hart）认为，席文把中国发生的科学革命看成是未完成的向着近代科学的转换，这种做法不过是象征着古代与近代的根本断裂（HART R.Beyond Science and Civilization: A Post–Needham Critique［J］. East Asian Science, Technology, and Medicine, 1999，16: 88–114.）。

《奏定学堂章程》

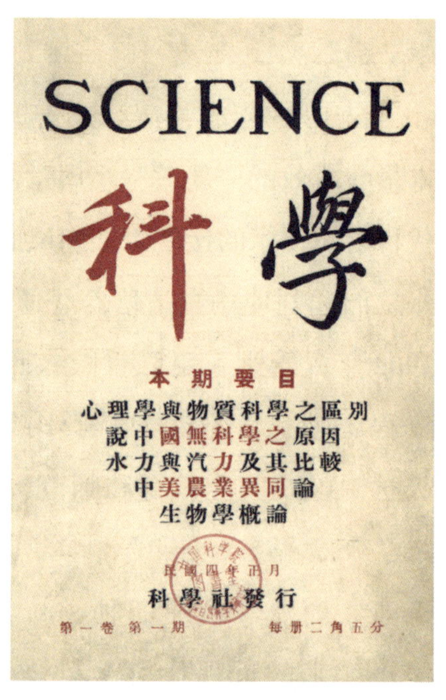

中国科学社创办《科学》杂志

社等社团成立，地质调查所、中央研究院和北平研究院等科研机构相继创办，高等院校发展理、工、农、医等类的学科，中国科学家和工程师在地质学、生物学、数学、物理学、铁路、采矿、化工等学科领域取得重要进展。

以“学制改革”开路的科技知识转型表明，中国在知识和制度层面上都发生了古代经验科学到近现代实验科学的跃升以及古代技术到近现代技术的转变，自然科学和工程科学终于在中国得到与人文社会科学同样的地位，能够与儒家圣贤之学比肩，这是中国知识史上空前的一次变革。我们由此可以说中国发生了科学与技术的“地区性的”革命，它属于“取代式”的革命（the replacement revolution）；因变革内容涉及人文社会科学，故它又可称为广义的“知识革命”[①]。这种知识革命对中国现代化进程有极其深远的影响。

知识全球化研究引人入胜，这个领域有许许多多的待解之谜。通过比较研究，学者们可以发现不同地区或国家的科学技术的异同，并由知识的一致性或相似性探究知识之间可能存在的关联，勾画知识传播、互动和再创造的图景。李约瑟注重比较中国与其他国家或地区的科学技术，推测并论证知识在欧亚大陆的传播。例如，他认为中国西汉发明的被中香炉传向了其他地区，而西域的轮式水车传入中

① 张柏春，田淼，张久春．科技革命与中国现代化［M］．济南：山东教育出版社，2017: 162–164.

国或启发中国人创制了筒车。

无疑，做跨文化、跨地区的知识全球化研究有论证难度大、容易误判的风险。1956 年 3 月，李约瑟和王铃等合作者在《中国的天文时钟机构》（Chinese Astronomical Clockwork）一文里指认北宋水运仪象台创用了一种特殊的擒纵机构。李约瑟在 1956 年出版的《中国科学技术史》机械工程分册里，用上百页的篇幅论说中国天文钟的传统和后来欧洲中世纪机械钟的祖先“有了更为密切的直接联系”这一推断，但他的论证比较牵强①。

知识的全球化研究涉及不同的语言、多样的文献资料、复杂的文化与境（context），要探讨科学技术与贸易、产业、宗教、艺术、民俗、战争、地理环境和自然资源等多种因素之间的互动关系。这样的研究尤其需要多语言背景的国际合作与交流，以便发挥合作者们各自的学术优势，解决跨文化、跨地区的复杂学术问题。

---

① ZHANG B, TIAN M. Joseph Needham's Research on Chinese Machines in the Cross-Cultural History of Science and Technology［J］. Technology and Culture, 2019,60(2): 616-624. 实际上，中国机械钟与欧洲机械钟属于不同的技术传统，二者的擒纵机构的控制原理也不同。欧洲早期机械钟的驱动力来自一个垂重，如果没有擒纵机构，垂重的势能很快就会释放掉。中国水运仪象台首先以一组漏壶均匀流出的水为动力源，这是整个装置持续稳定运转的基础。

第4章 科研体制和知识生产

知识生产（knowledge production）是非常特殊的创造活动。有组织的科技知识生产（科技创新）是当今世界科学研究和技术研发的普遍现象。科技知识生产的成效在一定程度上取决于科研体制（institutional structure），即机构的结构和功能。近现代以来，最常见的科研机构有实验室（laboratory）、研究所（institute）、研究院（academy）等。

4.1 科研体制的演进

在古代农业社会，某些学科领域的知识生产和应用成为王朝主办或支持的事业。几乎历代王朝都将天文历法视为社会治理的一项重要事业，建立天文台之类的专门机构，这是天文学及相关的学科领域在古代发展比较充分的一个重要原因。中外天文学各有千秋，在观测天象、制订历法等方面有异曲同工之妙。

随着第一次科学革命的兴起，科学活动形式与科研体制发生了变革。从事或参与科学研究的欧洲学者们不满足于大学的教学和学术活动，而尝试以新的活动方式探索自然现象及其规律，由此促进了新学术组织或机构的兴起[①]。1603 年，猞猁学院（或称猞猁科学院，Accademia dei Lincei）在罗马问世，包括伽利略在内的学者在此不定期地讨论天文学、数学、力学、博物学等领域的学术问题。在美第奇（dei Medici）家族资助下，西芒托学院（Accademia del Cimento）于 1657 年在佛罗伦萨展开活动，致力于通过实验获得真知。

英国的伦敦皇家自然知识促进学会（The Royal Society of London for Improving Natural Knowledge，简称伦敦皇

① 古川安．科学的社会史：从文艺复兴到 20 世纪［M］．杨舰，梁波，译．北京：科学出版社，2011:36–45.

家学会）成立于1660年。它源于学者们自发聚会讨论学术问题的格雷山姆学院，其重要成员曾有胡克（Robert Hooke）、牛顿等科学家。1665年伦敦皇家学会创办《哲学汇刊》（*Philosophical Transactions*），以期刊形式促进科学交流。这个学会为后来的科学社团树立了榜样。

欧洲大陆将科学院办成实体化的研究机构，为科学家提供了知识生产的专门场所。在官方促进下，巴黎科学院于1666年成立。1699年，法国国王路易十四将它改组为巴黎皇家科学院（Académie Royale des Sciences），支持优秀科学家从事科学研究，并藉此为法兰西带来荣耀。它后来为其他国家建设国立科研机构提供了经验。1724年，俄罗斯的彼得大帝在圣彼得堡建立皇家科学院（初称皇家科学和艺术研究院，Императорская Академия наук и художеств），它建立了天文台、解剖室、物理和矿物学研究室、地理部、植物园以及附属的中学和大学，开创了俄罗斯的科学事业。1925年，俄罗斯科学院更名苏联科学院。

猞猁学院、伦敦皇家学会、巴黎皇家科学院、圣彼得堡皇家科学院等新型组织或机构的形成以及科学研究在大学的活跃标志着近代科学的建制化，这为科技知识生产创造了制度条件。其中，各国的科学院因定位差异而采取不同的体制，大致分为实体型和非实体型两类，实体型的科学院下设研究所等研究单元。非实体型的科学院如1863年成立的美国国家科学院（The National Academy of Sciences），它属于科学咨询机构，不设研究所之类的单元。20世纪，非实体的科学院也出现在工程科学领域，如

1919 年成立的瑞典皇家工程院和 1964 年成立的美国国家工程院。

19 世纪，德国大学摸索出新的研究和教学模式，并且提升了工科教育的地位[①]。威廉·冯·洪堡（Wilhelm von Humboldt）在 1810 年创办柏林大学，提倡学术自由以及教学与科研相结合，以讨论班（Seminar）等形式培养高年级学生，促使大学成为"科学研究的养成所"，为世界各地建设研究型大学树立了榜样。

19 世纪后期，企业积极探索适合新发展阶段的研发体制，德国和美国的企业率先建立了以产品研发为主要导向的工业实验室。20 世纪工业实验室在许多国家得以建立和发展，在企业技术创新与产品研发中扮演了主要角色。例如，美国贝尔实验室着力将基础研究成果转化为新技术和新产品，发明了晶体管、激光器、太阳能电池、发光二极管、数字交换机等，在数学、物理学、材料科学等基础研究领域也取得了显著成就。

进入 20 世纪，激烈的竞争和战争使得各国都看到科学与技术在增强综合国力方面的关键作用，广泛支持基础研究、应用研究或技术研发，构建多样化的科研体制[②]，增强了科研活动的组织化和国家化。德国威廉皇帝科学促进学会（Kaiser-Wilhelm-Gesellschaft zur Förderung der

① 大革命时期，法国创办了巴黎综合理工学院、巴黎高等师范学校等新型学校，这对德国高等技术学校 (Technische Hochschule) 的发展产生了重要影响。

② 除了科学研究机构，科学技术社团也是促进知识生产与交流的重要组织，发挥着特殊的学术作用。

Wissenschaften）创建于1911年，1948年重建并改组为马克斯·普朗克科学促进学会（Max-Planck-Gesellschaft zur Förderung der Wissenschaften）。它按照学科建设研究所，创造优越的条件，支持优秀科学家做最好的研究[①]，主要目标是增强国家竞争力。法国国家科研中心（Le Centre National de la Recherche Scientifique）成立于1939年，1966年起开始与高等院校共建联合实验室，在与大学及其他科研机构合作研究方面成就非常显著。澳大利亚联邦科学与工业研究组织（CSIRO）成立于1926年，它以助力产业发展为主要目标，其研究涉及工业、农业、医疗、环境等领域。

阿道夫·冯·哈纳克

在上述科研组织及其参与的知识生产活动中，国立科研机构体现国家意志，即从国家需求出发，主要研究事关国家利益和安全的战略性科技问题以及社会公益领域的重要科技问题，尤其是其他研究机构力所不能及或不愿意做的工作。国立科研机构通常实施重大研究项目，其中有些项目具有长远性、耗资多、难度大、风险高等特点。

① 威廉皇帝科学促进会和马克斯·普朗克学会创办研究所和选人遵循哈纳克原理（The Harnack Principle）：a new institute should only be established if an outstanding scientist with an innovative research field had been found to lead it。这一原理是宗教史学家和神学家冯·哈纳克（Adolf von Harnack）提出的，他在1911年开始任威廉皇帝学会的主席。他的著作有《普鲁士科学院历史》等。

马克斯·普朗克学会总部

中国科学院总部

国立科研机构与私立科研机构以及大学的研究机构、企业的研发机构等发挥各自的专长，相互补充，共同构成国家创新体系。

中国科学院是典型的国立科研机构，建立于 1949 年 11 月。目前，它主要由百余个研究所、学部和大学构成，主要在基础科学、高技术等领域开展研究[①]，是中国自然科学的最高学术机构和咨询机构。成立之初，它基本上按学科建设研究所，汇聚全国科研精英。1956 年 1 月，周恩来总理要求："用极大的力量来加强中国科学院，使它成为领导全国提高科学水平、培养新生力量的火车头。"[②]科学院承担了"两弹一星"研制等国家重大任务，解决了国家从"无"到"有"的诸多重要科技问题[③]。同时，它还发挥科研资源优势，在 1956 年开始招收研究生，1958 年创办中国科学技术大学，1978 年创办中国科学技术大学研究生院（即中国科学院研究生院），后者在 2012 年更名为中国科学院大学。相较于国际上的其他科学院，办大学是中国科学院的一项制度创新。

通常，独立的科研院所在功能上不同于企业研发机构。企业的研发以千变万化的市场需求为导向，以生产能够有市场竞争力的产品为目标，进行各种创新。1946 年 2 月美

---

① 中国科学院创建伊始就成立了人文社会科学方面的研究所。1977 年哲学社会科学部脱离中国科学院，成为独立的中国社会科学院。

② 周恩来．关于知识分子问题的报告［M］// 中央文献研究室．建国以来重要文献选编：第 8 册．北京：中央文献出版社，1994: 40.

③ 张劲夫．请历史记住他们：关于中国科学院与"两弹一星"的回忆［N］．科学时报，1999-05-06(1).

国军方和宾夕法尼亚大学的莫尔学院宣布研制成功电子计算机，之后电子计算机研发的主体变成了企业，就连研制首台电子计算机的两位主持人也离开大学，去创办计算机公司。苏联的科研院所在 1948 年开始研制电子计算机，到 20 世纪 50~60 年代研制出一些领先欧洲的机型。然而，到 70 年代苏联在竞争中还是输给了美国、日本等国的企业。

4.2 一流科研机构

各国都希望建设世界一流的科研机构和大学。那么，什么是一流科研机构？这样的机构通常有先进的科研条件，有一流的学术带头人，产出一流的成果，能吸引国内外优秀人才。其中，先进的科研条件包括比较显性的工作室、实验室、期刊、图书、信息工具等软硬件设置及经费支持，它们是吸引一流人才和产出一流科研成果的基本前提。外籍人才的占比在某种程度上反映着科研机构的国际水平和竞争力。

科学技术界行家、科研资助者和政府普遍看重研究所究竟产出什么样的科研成果，即创造哪些新知识和新技术，解决了什么问题，是否起到了引领作用。一流的机构应该在提出新问题、新理念、新思想、新方法、新学派等方面有切实的贡献，能解决重大科学技术问题。如果一个研究机构基本上沿着别人指出的方向跟着做研究，参与解决别人提出的小问题或枝节问题，那它就不是真正一流的。

说到底，人是第一要素。对科研机构来说，选对、用对了人，几乎就成功了一半。陈省身在谈起怎样办数学研究所时强调："我们办第一流的研究所，就是要有第一流的数学家。有了第一流的数学家，房子破一点儿，设备差一点儿，书也找不到，研究所仍是第一流。不然的话，房子造得很漂亮，书很多，也有很贵的计算机，如果没有人来做第一流的工作，又有什么用处？"[①]

一流学术带头人是形成科研团队和学派的核心，也是吸引青年人才和学术资源的重要因素。他们的水平和眼界在很大程度上影响着研究机构的学术高度。玻尔（Niels Bohr）于 1911 年在哥本哈根大学获得博士学位，之后到英国做研究，1916 年回到丹麦任教，打算把英国的科学研究经验移植到丹麦。他在 1921 年创建哥本哈根大学的理论物理研究所，并且积极为这个研究所筹集经费。他以自己的学术影响力吸引许多杰出物理学家和优秀青年学者到哥本哈根从事研究，营造出高水平的集体研讨氛围，引领了量子力学的发展，带出了一大批青年人才，为基础研究树立了典范。

① 陈省身．21 世纪的数学［M］// 王善平，张奠宙．陈省身文集．上海：华东师范大学出版社，2002: 134−139.

哥本哈根理论物理研究所

4.3 大科学和科技规划

科学的前沿研究探索性强，具有很高的不确定性。科学家有自己的学术兴趣，随时前瞻和选择科学探索的方向，却不易准确预见何人、何时、在何地做出科学发现。即使是很有战略眼光的科学家，他们通常也只能作出比较模糊的方向性的预判，而且还要适时修正自己的预判。技术发明同样有不确定性，但社会需求的明显指向能够增强技术发展方向的可预期性。

电子计算机是 20 世纪最具影响力的技术发明。世界第一台计算机的研制是现代科研活动的一个典型事例①，

① 本事例的内容参考了中国科学院计算技术研究所刘淘英副研究员为中国科学院的一个专题培训班撰写的案例稿（2024 年 12 月）。

它生动地反映了科研活动的探索性和原创的不完善性，以及针对科研进度、预算等作出计划的难度。

第二次世界大战期间，武器研发、科研和社会发展对先进计算工具产生了迫切的需求，美、英等国科学家和工程师尝试研制特定功能的电子计算机。美国军械部门弹道研究实验室委托宾夕法尼亚大学莫尔学院解决弹道计算问题[①]，却因计算工具的限制而未取得期望的效果。1941 年，34 岁的莫奇利与 22 岁的研究生埃克特（John P. Eckert）在宾夕法尼亚大学的一个培训班上相识，莫奇利关于自动计算弹道的机器的想法吸引了埃克特。戈德斯坦（Herman Goldstine）作为弹道研究实验室在莫尔学院的联络官，鼓励莫奇利和埃克特向军方提出弹道计算机研制方案。1943 年6 月军械部门立项支持他们的方案，提供 15 万美元资助，要求 15 个月完成。由于可预见的和不可预见的困难，项目进展慢于预期，一再延期，所用经费超过 48 万美元。1946 年 2 月，莫奇利和埃克特率领团队终于制成世界第一台计算机——电子数字积分器和计算机（Electronic Numerical Integrator and Computer，简称 ENIAC）。ENIAC 重达 27 吨，用了近18000 个电子管，能够 20 秒就算出一条弹道。不过，这项发明还有许多缺陷，在 1947 年每周仅能正常做两个小时的计算。1944 年夏，数学家冯·诺依曼在阿伯丁火车站巧遇戈德斯坦，得知莫尔学院正在研制计算机，于是就参与到

① 弹道问题与第一次科学革命及第三次工业革命的发生都有关联，即影响到伽利略的力学研究和现代计算机 ENIAC 的发明，这是一个奇妙的历史巧合。

这项研制活动中。1948年，ENIAC在用冯·诺依曼提出的“存储程序体系结构”思想改造之后，才成为稳定运行的通用计算机。

随着科技活动的规模扩大与复杂化，“大科学（Big Science）”在20世纪中期兴起。大科学研究项目规模大、人员多、投资大、仪器设备复杂、涉及多学科的交叉和协作，要靠政府来组织实施，或者通过国际合作来推进。著名的大科学项目如美国的曼哈顿工程与阿波罗计划、苏联的航天工程、中国的“两弹一星”工程等。

曼哈顿工程以制造原子弹为目标，耗资25亿美元，顶峰期参与人员超过50万。它启动于1942年，涉及物理学、化学、工程科学等学科，解决了许多科技难题，终于在1945年和1952年先后成功试爆原子弹和氢弹。后来，苏、英、法等国陆续研制出核武器。

苏联在科学、技术和工业基础弱于美国的情况下，构建起庞大的设计—生产—试验体系，于1957年8月21日发射洲际导弹，1957年10月4日发射人造地球卫星，1961年4月12日用“东方号”飞船将加加林（Yury A. Gagarin）送入太空并绕地球飞行一周，在激烈的太空竞赛中抢得先机。苏联的率先突破在世界上引起了广泛反响，对美国的冲击尤甚。美国在1961年制定阿波罗计划，1969年7月20日实现载人登月，1972年12月完成全部任务。该计划动员了80多个科研机构、200多所大学和2万家企业，耗资255亿美元，取得了一系列技术研发和科学实验成果，丰富了大科学工程的管理经验，在科技、政治和社会等方面产生了重大影响。

两弹一星功勋科学家（杨华　绘）

凡事预则立，不预则废。做大事尤其如此。20世纪世界科技事业的壮大使得一些国家的政府认为有必要对科学探索和技术研发活动进行规划，以期通过高层次的谋划，充分动员优秀人才和其他资源，有力促进科学技术发展。

新中国在20世纪50年代建立计划经济体制，并且在 1954 年组织制定国民经济十五年发展计划。1956 年，国家计划委员会牵头，与中国科学院和其他部门共同组织六七百名科学家制定了《1956—1967 年科学技术发展远景规划纲要》（简称《远景规划》）。周恩来总理在 1956 年 1 月 14 日要求按照可能和需要，“把我国科学界所最短缺而又是国家建设所最急需的门类尽可能迅速地补充起来，使十二年后，我国这些门类的科学与技术水平可以接近苏联和其他世界大国。”① 这一要求就成了国家科技规划的总体目标。

《远景规划》制定者们采取“以任务为经，以学科为纬，以任务带学科”的原则，根据国民经济发展和国防建设的需求，提出 57 项任务，进而凝练出 12 个重点项目。其中，原子能（核弹）和喷气技术（导弹）的研制是事关国家安全的最重要的项目；计算技术、半导体技术、无线电电子学、自动学和远距离操纵技术能够支撑核弹和导弹等研制任务，被列为的“紧急措施”；资源开发、有机合成、冶金、机械、农业科技等项目都旨在满足经济建设。实践证明，通过实施《远景规划》，中国迅速建立起新兴学科门类，解决了一系列重大科技问题②，大幅度缩小了与世界先进科技水平

① 周恩来．关于知识分子问题的报告［M］// 中共中央文献研究室．建国以来重要文献选编：第 8 册．北京：中央文献出版社，1994: 11–45, 38, 40.

② 任何规划都有局限性，能够事先规划的科研活动是有限的。随着形势的发展，中国政府在 20 世纪 50~60 年代启动了《远景规划》中没有的人造地球卫星、万吨水压机、抗疟药物等重要科研项目，并且实现了预期的目标。

的差距。

在中国领导人看来，要不受人家欺负，就不能没有原子弹。20世纪50年代苏联为中国研制原子弹提供了帮助。在苏联单方面决定撤走专家之后，中国政府组织全国相关部门和机构进行大协作，继续支持原子弹和导弹的研制，解决技术、工程和理论的难题，取得了一系列重大突破：1964年10月16日成功试爆原子弹，1967年6月独立研制出氢弹，打破了超级大国的核讹诈及核垄断。导弹、核弹和人造地球卫星的突破显著提升了中国的国际地位，摸索出组织大科学工程和“集中力量办大事”的宝贵经验。

中国的《远景规划》是以需求为导向的追赶型规划，其目标、路径和方法都可以借鉴既有的成功经验。当时，苏联作为科技发展的样板，为中国制定和实施规划提供了建议和帮助。进入21世纪以来，中国正在接近或部分地进入科学探索和技术研发的“无人区”，规划制定的难度增大，规划的合理性更多地取决于中国科学家对科技发展的态势把握、前瞻判断以及对社会需求的准确分析。

科技活动越是工程化，研究目标越具体到产品、型号，就越具有可规划性，适宜采取工程化的体制机制。规划基础研究，一般不宜过于具体地规定路径等，应给科学家留有较多的余地。《远景规划》将“自然科学中若干重要的基本理论问题”列为最后一项“任务”，其中的课题有“蛋白质的结构、功能和合成的研究”。中国科学院上海生物化学研究所在1958年选择合成牛胰岛素为研究课题，通过与中国科学院有机化学研究所、北京大学等单位合作，在

1965 年首次合成出具有生物活性的结晶牛胰岛素。

显然，规划或计划不能包办各种科研探索，即便是做规划，也要侧重方向性和指导性，不宜规定得太死。在历史上，难以计数的科学发现和技术发明，如伽利略、牛顿、爱因斯坦等科学家的革命性成果都不是通过实施规划做出的。对于面广、量大、多变的技术研发活动及相关的资源配置，更适合通过市场机制由企业来完成。大科学有比较具体的计划目标，需要科技指挥和行政管理的高效结合，比通常的“小科学”更具有可规划性。

如何遵循知识生产的规律，并据此设计或改进知识生产（科研）的体制机制，提高知识生产的成效？这是各国科技体制改革的基本问题。1985 年 3 月，中共中央发布《关于科学技术体制改革的决定》，要求“经济建设必须依靠科学技术，科学技术工作必须面向经济建设”。从此，科技体制改革成为中国科技工作、经济、政治等领域的重大议题和实践。

政府或社会支持科研并为此配置资源，自然要对资源使用的成效、科研活动的合理性等进行评估和干预。对科研人员、科研机构和研究成果的评估是重要的科技管理方法。评估是必要的，问题是怎样做评估才比较有利于取得好的科研成效。近些年“四唯”和“帽子”的盛行对科研活动起到了片面的导向作用。按照“四唯”和“帽子”的做法，历史上的许多科学家恐怕在他们取得重大成果之前就被淘汰了。

第5章 科技和社会发展

科学与技术深刻而广泛地影响着文明发展进程，以至于人们用石器、青铜器、铁器、蒸汽机等为不同的时代命名。恩格斯指出：『科学是一种在历史上起推动作用的、革命的力量』，『是最高意义上的革命力量』。1978年3月，中共中央副主席邓小平作出论断：『科学技术是生产力，这是马克思主义历来的观点。』1988年9月，他进一步强调：『依我看，科学技术是第一生产力。』2015年3月，习近平总书记指出：『创新是引领发展的第一动力。』

5.1 科技革命和现代化

现代化是由传统农业社会向现代工业社会的巨大转变[①]，其主线是工业化。从 14 世纪到 19 世纪，一些民族国家发生经济和文化等方面的转型，这为现代化创造了条件。英国首先发生工业革命，工业社会随之兴起。之后，农业社会向工业社会的转变扩展到欧洲大陆和北美，再向其他地区蔓延。

每个国家的现代化都以自己的文化传统、经济基础和自然环境等为条件，践行了不尽相同的路径和模式。然而，无论是在哪个国家，农业社会向工业社会的转变都是在工业革命、技术革命和科学革命的冲击中进行的[②]。科学技术是现代化的关键。

世界的工业化始于第一次工业革命，其主导产业是纺织、采煤、机器制造、冶金、交通运输等，新技术体系的核心是蒸汽机和其他机器的制造。飞梭、珍妮机、走锭精纺机、自动织布机等新发明的应用使纺织生产效率大幅度提高。蒸汽机突破了畜力、风力和水力的局限，解决了矿

---

① 罗荣渠．中国近百年来现代化思潮演变的反思［M］// 罗荣渠，从“西化”到现代化．北京：北京大学出版社，1990: 1.

② 罗兹曼．中国的现代化［M］．国家社会科学基金“比较现代化”课题组，译．南京：江苏人民出版社，1988: 4.

井抽水问题，还为纺织机、机床等机器提供了强大的“万能动力机”，促进了工厂制的建立。机床的发明使人们能制造各种机器，实现生产的机械化。以蒸汽机为动力的轮船和铁路成为主导运输工具，改变了产业与城镇的布局。工业革命和技术革命促进了资本主义生产方式的形成，使英国、法国等西欧国家先后由农业社会进入工业社会。

第二次工业革命创造了电力与电器、汽车、石油化工等一大批新型产业，进一步推动了工业社会的大发展。发电机、电动机、输变电设施、电灯等新发明构成了以电力为核心的新技术体系和工业体系，并升级了第一次工业革命中产生的机械技术与制造业。电报、电话、无线电等发明导致全球信息的高效传递。内燃机逐步取代蒸汽机，使汽车、飞机、拖拉机、坦克等发明变成了实用的工具，石油和天然气在能源中的地位上升。钢铁、合金钢、高分子合成材料为制造业、铁路、建筑等行业提供了新材料。比如，转炉炼钢法、平炉炼钢法的发明使世界粗钢产量从 1870 年的 51 万吨猛增到 1900 年的 2783 万吨。钢筋混凝土在 19 世纪末开始广泛应用，开启土木工程与建筑发展的新阶段。总之，第二次技术革命使生产力、产业结构和生活方式发生了巨大变化。

在第三次工业革命时期，以电子管、晶体管与集成电路等技术为基础，电子计算机的发明以及互联网等技术的发展勾画出技术变革的一条主线。与此并行突破的重大技术还有航空航天技术、核技术、新材料、先进制造技术、生物技术等。这些技术与前两次工业革命的成果相结合，

阿道夫·冯·门采尔的《轧铁工厂》

形成了庞大的技术体系，极大地提升了产业技术水平，改变了产业结构，影响到社会的各个方面，导致世界格局发生深刻变化。

工业化每前进一步都与技术变革或创新密切相关，可以说，技术是直接的生产力。每次技术革命都催生新兴的主导产业，与现代化表现为“直接相关”。相比之下，科学革命与现代化曾表现为“间接相关”，部分领域的变革在现代有“直接相关”的倾向。意大利半岛是第一次科学革命的主要发生地，但没能率先开始工业化。英国是第一次科学革命的主要发生国之一，也是第一次工业革命和技术革命的主要发生国。德国是第二次科学革命的主要发生国，还是第二次工业革命的主要发生国之一。英国与德国的现代化与技术革命、科学革命有较强的相关性。

尽管自然科学研究不一定总要考虑实际应用，但是，大量科研成果或早或晚将成为技术发明、创新和创业的知识源泉。19 世纪以来，政府、企业、军方等都积极发展科技事业，支持科研机构与大学的研究工作，科学革命成果转化为新技术和生产力的驱动力不断增强。科学与教育相结合，更新人的知识与思想，源源不断地为现代化建设输送高素质的人才。

科学革命和工业革命是现代化建设的机遇，也可能是挑战①。意大利是近代科学革命（科学原创）的先行者，但迟

---

① 参见山东教育出版社出版的“科技革命与国家现代化研究丛书”。该丛书共 8 册，其中，意大利、英国、法国、德国、俄罗斯（苏联）、美国和中国分册在 2017 年首次出版，而日本分册于 2024 年出版。

至19世纪60年代才成为一个民族国家并加快工业化步伐。一些国家并非科学革命或技术革命的主要原发地，但搭上科技革命和工业化的“便车”，成为后起的现代化国家。美国在19世纪科学原创上逊色于西欧，但在技术创新方面与西欧差距较小，能够抓住工业革命的机遇，推进工业化和技术发明。1890年在世界工业生产中的份额上升到第一位，20世纪逐步发展为科技实力最强的国家。日本在明治维新时期启动工业化，先从消化吸收国外先进技术入手，逐步谋求发明和创新，到20世纪成为技术创新“后来者居上”的一个典型。苏联在航天和军工等领域跃为领先的大国。

中国走过了一条与西方不同的追求现代化的曲折道路。在当代，与西方国家相比，中国实现现代化的条件是苛刻的。中国不可能像19世纪欧洲国家那样大规模向境外扩张、攫取世界资源与无节制地排放污染物。中国要承受多种压力，保持经济持续增长与社会稳定，解决国内地区发展差距大等问题，应对激烈的国际竞争。

除了工业化和科技变革，现代化还意味着城市化、思想解放、教育普及、人口素质提高、文化繁荣、经济全球化、政治民主化与法治化。在全球工业化进程中还发生了殖民扩张、国际贸易兴盛与移民、宗教传播、科学传播与技术转移、探险、大规模资源开发、污染物排放，等等。

科学还在精神层面对文明发展产生深刻的影响，促进着社会的现代化。科学认为世界是客观的和可知的，是可以通过实验和逻辑推理等理性方法进行认知与理论阐释的；科学要求对观点和理论进行严谨的逻辑论证和实践验证；科学追求真理，崇尚创造，鼓励理性质疑，将已有的知识作为进一步探索的起点；科学为人们提供新知识、新理论和科学精神，塑造人们的世界观、价值观与方法论[①]。

5.2 创新和经济社会发展

无论是在科技的革命阶段还是在进化阶段，新知识和新技术都会以各种形式被生产和应用，它们转化为生产力往往通过一个非常重要的中间环节。这个环节就是经济学家熊彼特（Joseph A. Schumpeter）在1912年所阐述的“创新（innovation）”，即把生产要素和生产条件的“新组合”引入生产体系，实现发明的商业化以获得利润[②]。后来，“创新”一般被解释为将新概念的构想或技术发明转变为生产力并进入市场的过程。与科技革命那样的大事相比，常规

① 路甬祥. 科学精神是最具显著时代特征的先进文化[N]. 人民日报，2010-07-19.

② 2007年，美国国家竞争力委员会负责人将“创新”进一步解释为想象力、洞察力、灵巧、发明和影响力的交汇（参见：WINCE-S D. The Summary of Innovate America: Thriving in a World of Challenge and Change [C] // Keynote of Global Innovation Ecosystem 2007 Symposium. 2007: 6.）。

的“创新”算是小事，是技术和科学发展的常态之一。小事比大事多得多，它们也是后进国家缩短科技差距、突破科技壁垒和走向现代化的“捷径”。与其被动地等科学革命或技术革命的来临，不如积极谋求大大小小的创新。

技术创新的主体是企业，大多数创新最终要通过企业的产品在市场竞争中产生效益。企业面向市场的触角要比科研院所和大学多得多，对用户需求也更加敏感，擅长做量大面广、多样化的创新。其中，创新型企业较多地掌握着影响市场竞争力的关键核心技术，是国家科技力量的重要组成部分。

半导体技术是对科技产生非凡影响的重大发明。1947 年美国贝尔实验室制造出晶体管，后来晶体管又被集成，发展出集成电路[①]。美国的德州仪器公司、仙童公司、贝尔实验室在集成电路领域发挥出引领作用。

日本不是晶体管和集成电路的发明地，却通过技术创新和管理创新成为集成电路的制造强国[②]。20 世纪 60 年代，日本政府通过融资、税收等政策手段，扶持和引导本国企业生产集成电路，同时还采取了以市场换技术的策略。通产省允许德州仪器公司与日本企业合资建厂并将专利转让给日本的多家集成电路生产企业。大约在 1970 年之后，日

---

① CONRAD W. Geschichte der Technik in Schlaglichtern［M］. Mannheim: Meyers Lexikonverlag, 1997: 211–213.

② 周程．从独立研发到合作创新：日本超大规模集成电路技术研究组合［M］// 潘教峰，李成智，周程，张柏春．重大科技创新案例．济南：山东教育出版社，2011: 64–86.

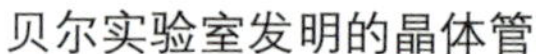

贝尔实验室发明的晶体管

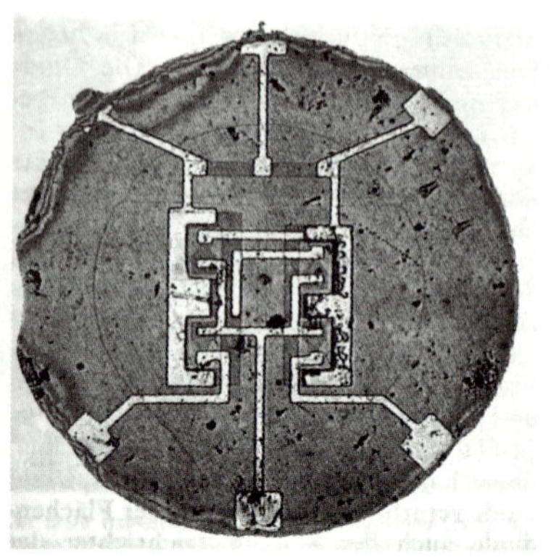

集成电路（1961 年）

本集成电路的下游企业研发出利用集成电路的电子计算器、电子手表和彩色电视机。这些民用产品的热销带动了集成电路的研发和大幅度增产。尽管如此，日本在大规模集成电路技术方面仍然与美国存在不小的差距。

为了在半导体制造领域赶超美国，日本在 1976 年 3 月成立由政府和企业共同出资的“超大规模集成电路研究组合”，也就是由政府牵头的、研发基础好的企业和研究实力强的科研机构共建技术创新联盟，目的是研发基础性和共性的关键技术[①]。这个非永久性的研究组合以共同研究所为研发基地，选择 1M DRAM 为主要研发目标，其科研人员来自日本电气、东芝、日立、富士通和三菱电机等参加联盟的半导体企业以及通产省的工业技术研究院。经过合作攻关，共同研究所在高精度加工、大口径化硅片、装置设计、工艺处理、检测评价等技术研发方面取得实质性突破，显著增强了参与企业的技术实力，使日本在 20 世纪 80 年代跃升为

① 非共性技术由参加联盟的企业自主组织所属研发机构进行攻关。

存储器、半导体生产设备等产品的最具国际竞争力的国家。

20 世纪 50 年代以来，中国在引进和消化吸收国外技术的同时，也积极尝试创新。在苏联中断援华之后，中国科学家和工程师独立开展一系列科技攻关，做出自己的创新。物理学家彭桓武在谈到“两弹一星”工程成功经验时强调了创新与合作的重要性：“日新，日新，日日新；集体，集体，集集体。”

大型水压机是关系到工业实力的一种基础性的关键装备。20 世纪 50 年代大型水压机是中国制造业的短板之一，当时最大的锻压设备是从苏联进口的 6000 吨水压机。1958 年 5 月，在中国共产党第八次全国代表大会第二次会议上，毛泽东主席支持沈鸿关于建造万吨水压机的建议。同年 7 月，万吨水压机研制项目在上海正式启动，其主要设计和制造单位为江南造船厂，全国百余家相关的企业、科研机构和高等院校参与协作攻关。

受国内工业技术条件的限制，江南造船厂很难照搬国外万吨水压机的设计和制造工艺。以沈鸿为总设计师的研制团队决定选择“超常”的整体焊接技术路线，用电渣焊接技术和“蚂蚁啃骨头”加工技术来制造大型零部件[①]，并且坚持质量优先和适用原则。技术专家、技术工人和管理人员充分发挥自己的聪明才智，消化了从苏联引进的电渣焊接技术，摸索出焊接大立柱和横梁等部件的工艺。例如，他们借鉴德国制造炮管的经验，用分段拼焊的方法制成大

① 所谓的“蚂蚁啃骨头”，就是用小机床加工大零件。小机床指的是当时中国工厂普遍使用的机床。

1976 年日本电气推出的 TK-80 单板机
（陈列于日本国立科学博物馆）

上海万吨水压机

立柱；参考船体构造，用钢板焊接出组合式横梁。经过设计、试验、制造等环节的系列攻关，最终在1962年6月制造出世界唯一“全焊结构”的12000吨自由锻造水压机[①]，使中国成为世界上少数能够制造万吨水压机的国家之一。这台大机器提升了国家的重型装备技术水平，为冶金、机械、电力、船舶、航空、航天和国防等部门解决了大型锻件加工的难题，其研制实践为中国工业创造了集成创新的经验。

20世纪90年代，“创新”的内涵在中国被大大拓宽。21世纪初，创新已经涵盖技术发明、科学发现以及新知识和新事物的创造，可分为技术创新、知识创新、管理创新、制度创新等类型。中共中央在2006年1月号召建设创新型国家，2012年11月决定实施创新驱动发展战略。

科学原创（知识创新）的成果通常以论文等形式公开发表，容易被不同的国家、机构和个人分享[②]，而技术成果的分享则是有偿的或受限制的。中国在过去的40多年里实现了举世瞩目的跨越式发展，这包括基础研究水平持续提升，科技论文产出跃居世界前列；技术水平持续提高，重大工程得以建成[③]，各种产品的国际市场占有率日益扩大，

---

① 参见：孙烈．制造一台大机器：20世纪50~60年代中国万吨水压机的创新之路［M］．济南：山东教育出版社，2012.

② 发达国家及其企业比较擅长将国际上的基础科学研究成果转化为新技术、新工艺、新产品和市场竞争力，从而引领产业发展。

③ 1978年以来，中国在一些科技领域跻身世界先进行列，取得了显赫的科技和工程成就。例如，建设三峡水利枢纽、高速公路、高速铁路、北斗卫星导航系统等工程；建造或制造高性能计算机、中国天眼、歼-20战机、航母；实施载人航天、月球探测、火星探测等项目。

成就了竞争力强劲的制造大国。

21 世纪初，中国产业总体上尚处于国际上的中低端，在高端装备、关键元器件等方面的关键核心技术对外依存度较高[①]。部分发达国家对中国的崛起表现出担忧，开始调整国际交流与合作的策略，以遏制中国向高端科技的迈进。不过，这反而促使中国更加着力推进创新。

事实上，中国受制于人的关键技术，特别是被“卡脖子”的技术和产品[②]，主要是由发达国家的创新型企业研发和控制着。目前，国家支持建设高水平的科研院所和大学，同时也在着力扶持创新型企业的发展。只有将“创新驱动”落实到市场竞争中的产品上，创新这个“引擎”才能有效带动经济社会发展。中国企业在世界百强或几百强创新型企业榜单中的数量和排名，可以成为科技自立自强的一个标志。

---

① 中国科学院．科技革命与中国的现代化：关于中国面向 2050 年科技发展战略的思考［M］．北京：科学出版社，2009: 29.

② “卡脖子”不是新问题。在国防尖端科技领域，国与国之间几乎从来都是谨慎转移技术，有时还设“卡”封锁。

发射北斗卫星

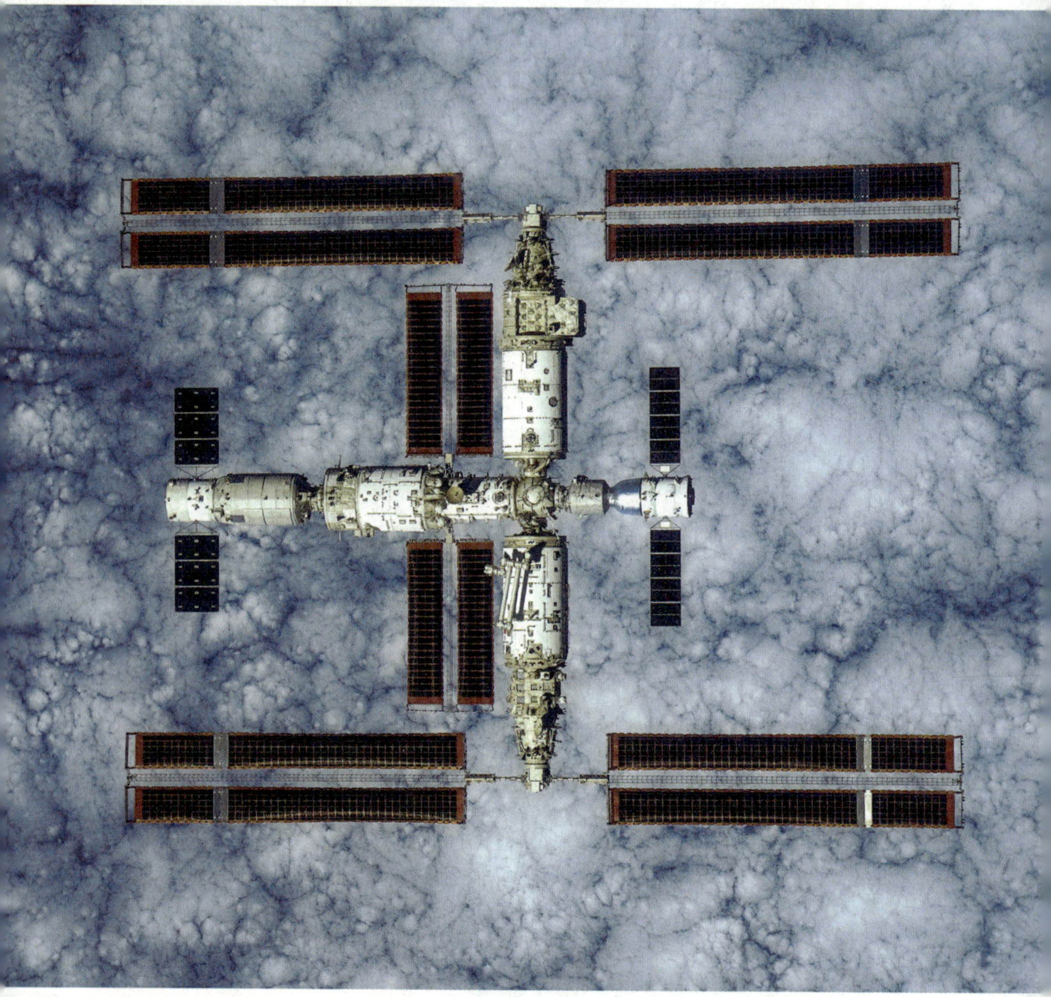

中国空间站

中国载人航天工程办公室
CHINA MANNED SPACE AGENCY

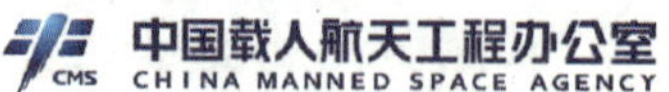

5.3 “双刃剑”和两种文化

科学技术在文明发展进程中迸发出巨大的力量，获得了人们的广泛赞誉，甚至曾被认为是万能的知识。可是，随着环境污染加剧、生态失调、大规模杀伤性武器问世、核泄漏事件发生、科技引发伦理挑战、全球变暖等问题突显①，人们对科学技术的误用和滥用提出了质疑和尖锐的批评。

古代先哲早就担忧技术的不合理应用，试图消减技术的负面作用。战国时期，墨子主张制作民生所用的机械和防御性的武器，反对发明和使用进攻性的武器，批评鲁班帮助楚国制造云梯攻打宋国。《庄子·天地》篇以桔槔提水为例，表达道家对使用机械的疑虑，认为机巧之械可能破坏人心的纯洁：“有机械者必有机事，有机事者必有机心。机心存于胸中，则纯白不备。纯白不备，则神生不定，神生不定者，道之所不载也。”当然，墨家节制发明进攻性武器的主张以及道家对技术的忧虑未能阻止古代中国人做出各种发明创造。②

---

① 历史上最严重的核电站事故包括1979年3月28日发生的美国三里岛核泄漏、1986年4月26日发生的苏联切尔诺贝利核泄漏、2011年3月11日大地震引发的海啸导致的日本福岛核泄漏。

② ZHANG Baichun, TIAN Miao. Attitudes of Pre-Qin Thinkers towards Machinery and their Influence on Technological Development in China［M］// CAVE S, DIHAL K, eds. Imagining AI: How the World Sees Intelligent Machines. Oxford: Oxford University Press, 2023: 353-360.

在20世纪，科学技术遭受到更多的质疑。哈伯（Fritz Haber）是一位既有成就又有争议的德国化学家，他曾担任威廉皇帝学会物理化学和电化学研究所的第一任所长。他先后发明了合成氨技术、毒气等，使德军将毒气投入第一次世界大战的实战中。他的妻子自杀的主要原因就是他研制化学武器。他在1918年被授予诺贝尔化学奖，但遭到了协约国科学家的抗议。

第二次世界大战期间，纳粹将犹太人和战俘用于医学与生物学实验，日本731部队也将中国人、朝鲜人、苏联人等当作生化武器实验对象，进行非人道的、违反伦理的人体实验。战后，各国反思科学技术的滥用及其造成的危害和伦理挑战，并将新的认识列为高等教育的内容，如联邦德国的高等院校较早开设科技伦理课程，技术大学增设人文学科。

原子弹爆炸所释放出的巨大破坏力和杀伤力引发了科学家和公众的担忧，科学家们带头反思核武器研究。物理学家费曼曾说：

“当我年轻的时候，我认为科学会有利于每个人。科学显然很有用，也是很有益的。在第二次世界大战中，我们参与了原子弹的制作工作。科学的发展导致了原子弹的产生，这显然是一个具有极其严肃意味的事件：它代表对人类的毁灭。

战后，我对原子弹忧心忡忡，既不知未来会怎样，也更不敢肯定人类一定会延存。自然地，一个问题会这样被提出：科学是不是包含着邪恶的成分？”[①]

费曼认为人的道德选择是正确运用或滥用科学的关键：“当人们运用科学做了善事的时候，功劳不仅归于科学本身，而且也归于指导着我们的道德选择。科学知识给予人们能力去行善，也可以作恶，它本身可并没有附带着使用说明。”[②]

费曼

第二次世界大战之后，各国着力促进科学技术发展，同时人们并未放松对科学技术的滥用和误用的警惕。生物学家和科普作家卡森（Rachel Carson）在1962年出版了《寂静的春天》，书中描绘了工业文明中的消极因素，强调农业生产过度施用DDT和其他杀虫剂之类的化学用品，严重危害环境和动植物的生存，最终会危害人类自身。在当代，人类必须高度重视科学技术的“双刃剑”特征[③]，认真对待

① 费曼．你干吗在乎别人怎么想：充满好奇心的费曼［M］．李沉简，徐杨，译．北京：中国社会科学出版社，1999: 247.

② 费曼．你干吗在乎别人怎么想：充满好奇心的费曼［M］．李沉简，徐杨，译．北京：中国社会科学出版社，1999: 249.

③ 没有单刃的剑。剑是双刃的冷兵器，而刀是单刃的冷兵器。剑身修长，两侧出刃。

灾难发生后的切尔诺贝利核电站

生物、信息等领域的科技风险和伦理挑战[①]，负责任地进行发明创造和正确地应用各种发明创造，维护人类社会安全和可持续发展。

1959年，英国学者斯诺（C.P. Snow）在题为《两种文化与科学革命》的演讲中指出“科学文化”和“人文文化”的并存以及二者的隔阂[②]。科学家有时候指责人文学者对现代科学原理的无知，而人文学者有时候抱怨科学家和工程师的人文素养不足，甚至说他们有技术没文化。从学理上看，科技史可以成为联系科学与人文的桥梁，有助于克服科学家和人文社会学者之间的偏见和误解。

萨顿作为科技史学科的主要奠基人之一，认为“科学不应该傲慢，不应该气势汹汹，因为和全部其他人间事物

① 2007年2月，中国科学院及其学部主席团向社会发布《关于科学理念的宣言》，要求科学工作者：必须更加自觉地遵守人类社会和生态的基本伦理，珍惜与尊重自然和生命，尊重人的价值和尊严；更加自觉地规避科学技术的负面影响，承担起对科学技术后果评估的责任；避免把科学知识凌驾其他知识之上，避免科学知识的不恰当运用，避免科技资源的浪费和滥用。

② 中国学者在20世纪20~30年代已经注意到科学是一种文化。罗家伦在1928年出任清华大学校长的就职演讲中说：“我们既是国立大学，自然要研究发扬我国优美的文化，但是我们同时也以充分的热忱，接受西洋的科学文化。”1935年，九三学社创始人之一卢于道认为中国所急需的是科学文化，国人应尽力于科学、科学文化之建设（参见：卢于道．科学的文化建设［M］// 张柏春，高峰，陈晓珊．中国近代科学先声．济南：山东科学技术出版社，2024: 415–420.）。

一样，科学本质上也是不完满的”[①]。一个人无论多么有学问，他在知识方面都有欠缺。费曼对此做了坦率的表述：“对于这些比科学研究复杂千百倍的社会问题，我们也是百思不得其解，绝无灵丹妙药。”“我认为当科学家思考非科学问题时，他和所有的人一样无知；当他要对非科学问题发表见解时，他和所有的门外汉一样幼稚。”[②]

其实，一些科学家和工程师在人文社会科学方面是很有造诣的。其中，笛卡尔、莱布尼茨、马赫（Ernst Mach）等科学家也是哲学家。钱学森从小就对科学和艺术感兴趣，读过许多艺术方面的书，上过音乐和绘画的课。他解释说：

“这些艺术上的修养不仅加深了我对艺术作品中那些诗情画意和人生哲理的深刻理解，也学会了艺术上大跨度的宏观形象思维。我认为，这些东西对于启迪一个人在科学上的创新是很重要的。科学上的创新光靠严密的逻辑思维不行，创新的思想往往开始于形象思维，从大跨度的联想中得到启迪，然后再用严密的逻辑加以验证。”[③]

可见，完美的“有文化的科学家和工程师”是兼通科学和人文的人。

---

① 萨顿 G. 科学的生命［M］刘珺珺，译．北京：商务印书馆，1987: 142.

② 费曼．你干吗在乎别人怎么想：充满好奇心的费曼［M］．李沉简，徐杨，译．北京：中国社会科学出版社，1999: 248.

③ 涂元季，顾吉环，李明．钱学森的最后一次系统谈话：谈科技创新人才的培养［N］．人民日报，2009-11-05(11).

第6章

科技事业的从业者

科技革命和创新主要是由科学技术从业者来完成的。那么，谁是科技革命中的『革命者』、科学发现者、技术发明者和创新者呢？他们有什么品质？他们有怎样的成长经历？

6.1 科技的“革命者”

我们可以将科技革命中的重要发明创造者和重大科技事件的主导者称为“革命者”。他们既有自己的个性和专长，又有一些共同的特点，如天赋异禀，好奇心强，不循规蹈矩，敢于质疑已有的知识，敏锐地发现或提出重要问题，提出新的观点、路径、方法、方案和思想等。

16 至 17 世纪的“工程师—科学家”专注于思考实践中产生的新问题和新知识，努力为这些问题作出新的理论解释。伽利略是“工程师—科学家”的杰出代表。他研究弹道、落体、单摆、材料变形和断裂等力学问题，发现物体的惯性、落体运动规律、材料形状与强度的关系，倡导实验与数学相结合的科研范式，被誉为“科学革命之父”。爱因斯坦认为：“从伽利略开始，科学才把理论与实验联系在一起。”“伽利略的发现及其对科学推理方法的运用是人类思想史上最重要的成就之一，标志着物理学的真正的开端。”①

科学家们没有相同的脸谱，大致上可以分为不同的类型。2009 年数学物理学家戴森（Freeman Dyson）在题目为《飞鸟和青蛙》的演讲稿中写道：

“有些数学家是飞鸟，有些是青蛙。飞鸟在高空翱翔，

① 爱因斯坦，英费尔德．物理学的进化（The Evolution of Physics）［M］．张卜天，译．北京：商务印书馆，2019: 45,8.

俯瞰数学的广大领域，直至遥远的地平线。他们喜欢这样的概念，这些概念能统一我们思想，并且融合来自数学中不同领域的各种各样的问题。青蛙生活在泥沼中，只看到生长在附近的花朵。他们喜欢特定目标的细节，热衷于一次解决一个问题。我碰巧是只青蛙，但我最好的朋友中的许多人是飞鸟。……数学既需要飞鸟，也需要青蛙。数学是丰富的和美丽的，因为飞鸟给它开阔的视野，并且青蛙给它错综复杂的细节。”①

他认为，希尔伯特（David Hilbert）和杨振宁等人都是领头的飞鸟。希尔伯特给“青蛙”数学家们提出了23个著名问题。杨振宁先生认为自己是“保守的革命者”②。

牛顿和爱因斯坦当然都是像飞鸟一样的科学家，是擅长构建宏大科学图景的大师。牛顿总结出经典力学的基本定律，还与莱布尼茨分别创建了微积分。他的工作影响遍及数学、自然科学、工程科学、人文和社会科学等领域。到19世纪末，经典物理学大厦已经建成，物理学家似乎只能在学科框架内研究一些特殊问题。然而，这一平静的外表下却在积蓄着变革的动力。力学、热力学和电动力学共享了空间、时间等基本概念，随着实验物理学和各门分支的快速发展，三者探究边界问题的不同模式，最终产生无法在经典物理学内解决的问题。1900年，普朗克提出了“量子”的概念。爱因斯坦从物理学自身的发展中发现问题，

---

① 戴森. 飞鸟和青蛙［J］. 赵振江，译. 数学译林，2010, 29(1): 71−84.

② 杨振宁，翁帆. 晨曦集［M］. 北京：商务印书馆，2021: 184.

出席第五届索尔维会议的科学家（1927 年）

选择解决问题的突破口[①]。他在1905年提出狭义相对论，1916年完成广义相对论，前者揭示了运动与时间、空间的统一性，后者揭示了四维时空与物质的统一性。量子力学和相对论成为现代物理学的主要支柱。

科学家们的重要成果大多是其在创造力的黄金年龄段取得的，这与“吃青春饭”的竞技体育有些类似。我们曾经从科技通史著作中选出100位科学家，对他们完成主要科技成就的年龄特征做了初步统计[②]。结果显示，取得主要成就的年龄在22~30岁的占29%，30~40岁的占45%，41~50岁的占20%，大于50岁的只占6%。约50%的科学家在取得主要成就时，还没有晋升到教授或相当于教授的职级，有的还在大学里读学位，如爱因斯坦提出狭义相对论时只有26岁，当时是瑞士伯尔尼专利局的技术员。

有些科学家从小就显露出天赋，青年时期便取得重大的成就。例如，冯·诺依曼曾被誉为神童，走上科研道路之后，在纯数学、应用数学、物理学、计算机等领域都做出了开创性工作。当然，还有不少科学家在年轻时不被人们看好，成年后才充分展现自己的潜质。比如，化学家哈伯在读书阶段考试成绩不够出众，但在成年之后取得显赫成就，获得了诺贝尔化学奖。

有些重大的科研成果可能需要一个较长时间的探索和

---

① 中国科学院，国家自然科学基金委员会．未来10年中国学科发展战略·总论［M］．北京：科学出版社，2012: 93–96.

② 张柏春．从人才发展周期特征谈培养、引进和任用优秀科学家［J］．科学与社会，2011, 1(1): 22–27.

积累才能够完成，发表时间还可能受到多种因素的影响。牛顿在45岁时写成经典力学的集大成之作。达尔文长期研究博物学，到海外进行动植物考察和地质考察，在50岁时出版《物种起源》。

时势造英雄。科学革命或工业革命中涌现出众多成就非凡的科学家和发明家，呈现出“群星灿烂”的生动景象。但是在科学与技术发展的常规期，就可能缺少像牛顿、瓦特、爱因斯坦那样耀眼的“科技英雄”，这或许会让天赋出众的科学家感到自己有些生不逢时。

当然，科学技术的发展并非仅仅仰赖少数巨人般的“革命者”，还依靠着大量的普通从业人员或者说“矮子”①，成千上万的普通科学家、工程师从事科技的研究、教育、应用、咨询和管理等工作，这些寻常的、不可或缺的工作也有一定的挑战性和艰巨性，需要从业者付出他们的聪明才智。

6.2 团队和机构的主持人

科学研究和技术研发活动需要团队和机构的优秀领导者，他们应当具备突出的专业洞察力、号召力和领导力。

---

① 参见：雷恩．站在巨人与矮子肩上：爱因斯坦未完成的革命［M］．北京：北京大学出版社，2009.

玻尔

玻尔是20世纪科学革命的一位重要贡献者和“领军”科学家（leading scientist）[①]。他在1913年提出原子模型理论，9年后获得诺贝尔物理学奖。他领导的哥本哈根理论物理研究所是顶级科研机构，对世界各地的优秀物理学家非常有吸引力。在他主持工作的40年里，有600多名物理学家来到这个物理学中心工作，其中三分之二的人不足30岁。其中，泡利（Wolfgang Pauli）、海森堡（Werner K. Heisenberg）、朗道（Lev D. Landau）和伽莫夫（George Gamow）等人后来都是很有成就的大科学家。

玻尔强调，研究所是科研场所，也是培养青年科学家的地方；只有积极吸收优秀的年轻人，研究所才能不断提出新问题，产生新思想。他喜欢和青年学者讨论问题，鼓励他们质疑已有的观点和理论。例如，他主动邀请海森堡这位当面质疑自己观点的年轻人一起讨论原子理论的历史以及其中的问题和困难。海森堡后来回忆说，他与玻尔的谈话对自己的科学生涯影响很大。

如果科研团队或机构是由若干人集体主持的，这个集

① 尹晓冬，田森．玻尔与哥本哈根大学理论物理研究所［M］// 潘教峰，李成智，周程，张柏春．重大科技创新案例．济南：山东教育出版社，2011: 1–12.

体的人员结构和配合就会在较大程度上决定科研活动的成效。ENIAC研制机团队由科学家、工程师和其他工作人员构成，其核心是能力出众、专长互补的理想搭档——莫奇利、埃克特、戈德斯坦和冯·诺依曼。莫奇利和埃克特是ENIAC的主要发明人，他们在ENIAC制成之前还是名不见经传的年轻人。莫奇利在1932年获得物理学博士学位，后来曾组织大学生用手摇计算机处理气象数据。他提出研制计算机的初步构想，负责总体结构和多个重要部件的设计。埃克特负责物理设计和部件制造，擅长落实设计方案，带领工程师们解决了电子管过热烧毁和其他技术难题，在电子技术不够成熟的条件下制造出可用的计算机。戈德斯坦协调各种关系和资源，解决立项、元器件采购等问题，特别是将冯·诺依曼引入项目。冯·诺依曼参与了曼哈顿工程，

莫奇利和埃克特

要做核物理方面的复杂计算。在分析 ENIAC 及与团队讨论的基础上，他提出了存储程序体系结构，不仅以此改造了 ENIAC，大大拓宽了计算机的应用领域，而且为现代计算机设计确定了基本原则。

在大科学工程中，主持人的作用更为突显。例如，冯·布劳恩[①]、科罗廖夫（Sergey P. Korolyov）、钱学森都是航天领域的"领军人"。科罗廖夫是苏联火箭研制和航天领域的关键人物，他领导第一特别设计局，担任过国防技术国家委员会的总设计师等职务。他参与了政府关于火箭和航天的决策，率领总设计师委员会制定了顶层的技术方案，主持解决了重大科技问题。1960 年 4 月他批准东方一号飞船的设计草案，之后指导团队进行具体的设计工作，制定发射计划，使得加加林完成了航天壮举。

钱学森在美国学习和工作期间已经在力学、工程控制论等学科领域取得了国际一流的成果，1955 年 10 月回到祖国后，投身于发展尖端科技，担任中国科学院力学研究所、国防部第五研究院等单位的负责人。他在 1956 年向中央提交《建立我国国防航空工业的意见书》，阐述了发展火箭武器的方案，还牵头起草了关于喷气推进技术和火箭技术的国家规划，在火箭和航天等领域扮演了顶层设计和领导的角色[②]。

---

① 美国国家航空航天局（NASA）对冯·布劳恩的评价是：他最大的成就是在担任马歇尔太空飞行中心总指挥时，主持研发土星 5 号，在 1969 年 7 月首次达成人类登上月球的壮举。

② 李成智 . 中国航天技术发展史稿：上册［M］. 济南：山东教育出版社 , 2006: 55-63.

冯·布劳恩

钱学森

加加林和科罗廖夫

6.3 学术成长和创造力培养

至少对于部分年轻人来说，以科学研究为职业是一个好的人生选项。即使将来不以科研为职业，也需要接受科学训练，具备一定的科学素养[①]。1941 年 1 月 31 日，毛泽东主席在给毛岸英和毛岸青的信中鼓励他们学好科学，强调："只有科学是真学问，将来用处无穷。"[②]

选择什么专业和学术方向，这是一个重要的话题。一般来说，在著名的大学或研究机构学习[③]，开阔眼界的机会比较多；跟着高水平导师做研究，可以提高自己的学术起点，便于合理选择研究方向，少走弯路。2002 年，陈省身接受中央电视台专访，强调做学问的成功经验是找最好的老师。

1926 年，15 岁的陈省身考入南开大学学数学。在清华大学读硕士时，曾在北京大学听德国汉堡大学布拉施克（W. E. Blaschke）教授作的学术报告，在 1934 年到汉堡攻读博士学位。法国数学家韦伊（A. Weil）认为，陈省身把他的博士导

① 学过理工农医等学科的某个专业，并不意味着毕业之后就一定从事这个专业的工作，改行者中不乏成功人士。

② 中央档案馆 . 毛泽东书法选 : 甲编（三）［M］. 北京 : 荣宝斋出版社 , 2013: 30−32.

③ 有的学者无缘在高水平的大学或研究机构工作，通过业余研究也创造了不凡的业绩。例如，陆家羲在 1957 年开始利用业余时间研究组合数学，1983—1984 年以包头九中物理教师身份发表的研究成果获得国家自然科学一等奖（罗见今 . 陆家羲对组合设计的贡献［J］. 内蒙古师范大学学报 : 自然科学版 , 2010, 39(1): 99−108.）。

师的微分几何工作推到了更高水平。他在汉堡研读过法国数学家嘉当（E. J. Cartan）的论著，1936年到巴黎跟嘉当做博士后，参加了布尔巴基学派青年数学家组织的讨论班，后来取得了国际一流的研究成果。

陈省身

陈省身批准吴文俊到中央研究院数学研究所工作，带他进入代数拓扑研究领域。吴文俊回忆说，陈先生“善于提携后进，指导有方”[①]。1999年底到2000年初，陈省身谈到数学才能问题，指出：“我想对于一个人，你是不是应该搞数学，是不是应该拿数学作为终生的职业，主要的是你的数学才能好不好。哈代说：‘一个决定性的因素是你是不是比老师好。’如果在上课时，你对课程的了解不亚于你的老师，那你就可以念数学。”对于才能不适合搞数学的学生，他说：“他当然有别的才能可以发展，天无弃材。”[②]

科学研究表明，“科学上的巨大成功相当程度上取决于课题的选择”，科学天才是有能力作出正确选择的人[③]。杨振宁的《晨曦集》里面有一篇文章讲了他对学生选择正确方向的看法：

---

① 吴文俊．序：中央研究院数学研究所一年的回忆［M］// 陈省身．陈省身文选：传记、通俗演讲及其它．北京：科学出版社，2011.

② 田森．陈省身采访录［J］．中国科技史料，2000, 21(2): 117–127.

③ 萨顿 G. 科学的生命［M］．刘珺珺，译．北京：商务印书馆，1987: 24–25.

“我看到物理界有许多人在念书的时候学习成绩都很好，可是过了二三十年，他们的差别却很大。有人取得了很大成就，有人老是做一件事，费了很大的劲，却没有什么成就。什么原因呢？这里虽然有能力等问题，但都不是主要的。最主要的是会不会选择正确的方向，哪个方向将来会有新的发展。如果你在做研究生的时候，掌握了两三个方向，这些方向在5年或10年内有大发展的话，那么只要你是一个不坏的研究生，你就一定有前途。如果你搞的那个方向是强弩之末，你再搞进去，不知道转行，那就不会有大成就。”①

科学家们特别看重学生创造力的培养，指出考试分数高不一定意味着创造力强。1984年5月，李政道对中国科大少年班的学生们说：“最重要的是创造力，是要能带头，而不是人家带头，你跟在后面走。”“考试只是考一个人的记忆力，考的是运算技巧，并不是学习的重点，学习的重点是能力的培养。”②1985年6月15日，陈省身向中国科大少年班同学赠言：“不要考第一。”中国科大原校

---

① 杨振宁，翁帆．晨曦集［M］．北京：商务印书馆，2021: 298–299.

② 方黑虎，丁毅信，丁兆君．永恒的东风：中国科大故事［M］．合肥：中国科学技术大学出版社，2018: 137.《文汇报》在2011年10月16日刊发了记者姜澎和王乐撰写的《开课就能培养创新精神？》，文章报道了中国教育科学研究院院长袁振国在华东师范大学60周年校庆“创新与使命”主题论坛上发言中讲道：“我们调查了恢复高考以来的3300名高考状元，没有一位成为行业领袖；调查了全国100位科学家、100位社会活动家、100位企业家和100位艺术家，发现除了科学家的成就与学校教育有一定关系外，其他人所获的成就和学校教育根本没有正相关关系。”报道没有提调查人员是怎样定义“行业领袖”的。

长朱清时对这句话的解释是：原生态的学生一般考试能得七八十分，要想得 100 分要下好几倍的努力，训练得非常熟练才能不出小错。要争这 100 分，就需要浪费很多时间和资源，相当于土地要施 10 遍化肥，最后学生的创造力都被磨灭了[①]。

创造型人才的培养在较大程度上仰赖国民教育，当然包括中小学阶段的基础教育。中国的教育改革成绩很显著，但尚需继续深化。钱学森晚年时坦言："现在中国没有完全发展起来，一个重要原因是没有一所大学能够按照培养科学技术发明创造人才的模式去办学，没有自己独特的创新的东西，老是'冒'不出杰出人才。这是很大的问题。"[②]这就是关于中国教育的"钱学森之问"。实际上，需要深化改革的既有大学教育，又有中小学教育。

创造以掌握已有知识为前提，而掌握既有知识，就须进行系统的学习。但是，凡事都须有度，不能走极端。我们在教育实践中过于强调竞争和分级，导致过度施教、超前施教[③]。为了所谓"不输在起跑线上"，家长们超前施教，向学前的孩子们灌输小学课本里的知识。到了小学和中学阶段，学校过度施教，看重孩子们对知识的吸收和应试能力，鼓励追求高分数，通过多做题来提高解题熟练度，以减少

---

① 朱建人．从陈省身的"不要考一百分"说减负［J］．教育理论与实践通讯，2018(8): 13.

② 李斌．温家宝看望季羡林和钱学森［N］．人民日报海外版，2005-08-01.

③ 张柏春．克服过度施教，保护创新天性［J］．中国政协，2022(14): 3

应试出错率。客观上，过度施教和超前施教对培养孩子们的创造能力是得不偿失的或有害的。应试竞争所催生的高分数在某种程度上模糊了真实的创造潜力。

表现为超前施教和过度施教的“应试教育”偏离了人才成长的规律，打乱了孩子们正常成长的节奏，耗损天赋，特别是创造天性。具体表现至少有四个方面：第一，牺牲了孩子们的玩耍时间，而玩耍是幼儿和少年学习和发展能力的重要方式，能够保护和激发好奇心、天赋和个性；第二，超前施教和过度施教主要是反复强化学生们吸收知识的能力，使他们在知识学习方面“早熟”，而不是培育他们创造新知识的意识和能力；第三，学生们投入大量精力做教科书里的题目，习惯于遵循既有的路径和方法，求解别人出的题，对照标准答案；第四，弱化了学生们提出问题、尝试不同概念、路径和方法的勇气。

从小学到中学，再到大学本科和研究生，各个阶段都应更加着眼于保护和发挥孩子们的创造天性、好奇心、兴趣和特长，不能在吸收知识方面过早地把学生们对知识的热情“吃干榨尽”。老师们要发现、保护孩子们的创造天性，用人单位则要擅于让人们充分发挥自己的天赋和专长，为从事创造性工作提供条件。

结语

科技的历史研究

萨顿在《科学的历史研究》中强调了科学史家与科学家的区别：『历史学家的首要责任是在作出系统的判断之前，非常小心地考察事件的那些事实。他必须尽一切可能来确定他所考察的事实是真的，而且已经从包围着它们的谬误和废物中把它们清理出来了。到此为止，他正在从事每一个科学家所做的事情，但是有一个根本的区别。除去人类学家，其他的科学家只去考察物质的事情。这样的事情尽管复杂，但和人类的事情相比却是相当简单。而科学史家不仅必须熟悉大量的物质的事情，还要熟悉大量的人的事情。』

物理学家薛定谔（E. Schrödinger）看重历史学对科学探索的助益，赞成科学史家法灵顿（Benjamin Farrington）的观点："历史学是最基础的科学，因为当人们忘记各种人类知识的产生条件、所回答的问题和为完成哪些功用而创造出来时，只有历史学这种人类知识能够保持其科学性。"①

薛定谔

的确，科学技术史以自然科学、技术和医学的发展为研究对象，是人们认识科学与技术的本质、发展规律以及科技与社会关系的一个有效路径，也是人们理解社会变革和人类文明进化的一个重要途径。

在近代史上，科技史的撰写首先缘于科学家的兴趣。许多科学家支持科技史研究，其中的一部分人还成为科技史研究的主要提倡者和开创者。化学家普里斯特利（J. Priestley）撰写了《电学的历史与现状》（1767年）和《关于视觉、光和颜色发现的历史与现状》（1772年），认为人们可以从历史中了解到伟大的科学发现是由像他们自己一样的人做出的。早在1726年，俄罗斯科学和艺术研究院（即后来的俄罗斯科学院）的数学家赫尔曼（Jakob Hermann）

---

① KLEIN M J. Introduction［M］// PRZIBRAM K, ed. Letter on Wave Mechanics: Albert Einstein, Erwin Schroedinger, Max Planck, H.A. Lorentz. London: Vision Press Limited, 1967.

就道出了科学家了解科学史的意义：

“每位科学家都应掌握所研究领域的历史知识，以洞悉其实质，以免陷入将长久以来已知的东西当作新发现，且使自己在无知中行事的荒诞境地，这对自己已掌握的技艺或科学本身来说毫无裨益。因为假如他知道自己认为的新知识是早已为人所知的，那么毫无疑问，他会将才能和敏锐性放在其他研究对象上，并会因此有其他的、可扩充现有认知的新知。”①

19 世纪，欧洲科学家和其他学者不仅对学科史的研究更加丰富和深入，而且还开始跨越学科史界限，撰写综合的科学史②。物理学家和哲学家马赫撰写了《力学及其发展的批判历史概论》（1883 年），该书对后世的一些物理学家产生了不小的影响。马赫认为，如果科学家们了解科学发展的全部进程，他们“自然就会比那些把视野囿于自己生活年代，只关注在当时发生的精神生活事件进程的短暂趋势的人，更自如、更正确地评述当代的科学运动”③。

科学技术史在 20 世纪前叶发展为独立的历史学科，并且首先在欧洲和美国实现建制化。那时，科技史家的学术兴趣已经超出科学家思考历史问题的界限，正如萨顿所强

① Зубов В. П. Историография естественных наук в России（XVIII в.-Nервая Nоловина XIX в.）. М.: Академия наук СССР, 1956. С.18. 这段文字由徐娅楠博士翻译成中文。

② 刘兵．克丽奥眼中的科学：科学编史学初论（增订版）［M］．上海：上海科技教育出版社，2009: 2–14.

③ 萨顿 G. 科学的生命［M］．刘珺珺，译．北京：商务印书馆，1987: 42.

马赫

萨顿

调的："研究科学史有两大理由：一是纯粹历史的理由，分析文明的发展，也就是了解人；另一是哲学上的理由，了解科学的更深刻的意义。"[①]

科学家也曾是中国科技史研究的主要推手。竺可桢、叶企孙等科学家推动了科技史学科在中国的职业化和建制化[②]。作为中国科学院的副院长，竺可桢在 1954 年发表《为什么要研究我国古代科学史》一文，宣称："我国古代自然科学史尚是一片荒芜的田园，却充满着宝藏，无论从爱国主义着想或从国际主义着想，我们的历史学和自然科学

① 萨顿 G. 科学的生命［M］. 刘珺珺，译. 北京：商务印书馆，1987: 115.

② 张柏春，李明洋. 中国科学技术史研究 70 年［J］. 中国科学院院刊，2019, 34(9): 1071–1084.

竺可桢

工作者都有开辟草莱的责任。”[①]时任中国科学院院长的郭沫若指出：研究科学史，“一方面是在纪念我们的过往，而更主要的一方面是策进我们的将来”。

在现当代，科技史家探讨的内容包括科技的知识史、断代史、国别史、社会史、文化史以及科学家和发明家等，发表了难以计数的专题研究论著与综合研究论著。科技史还为相邻的科技哲学、科学社会学、科学技术研究（STS）、科学文化、文化人类学、文化遗产、科学传播、科技教育、科技管理、科技政策和科技战略等学科或领域的研究提供了丰富的案例和坚实的知识基础，相关的交叉研究或者可称作“科技史的应用研究”。

在科技史研究职业化之后，科学家仍然对科技史保持着浓厚的兴趣，与科技史家享有共同的兴趣和话题。他们写出了自己所理解的知识史，出版了许多著作，如杨振宁的《基本粒子发现简史》（1963 年）、克莱因（Morris Kline）的《古今数学思想》（1972 年）、王元的《华罗庚》（1995 年）等。陈省身在谈及数学在中国的发展时说道：“我觉得中国有一个方向可以发展，就是数学史。……什么东西的发展都

① 竺可桢．为什么要研究我国古代科学史［N］．人民日报，1954-08-27(3).

有历史的程序，了解历史的变化是了解这门科学的一个步骤。”①

科学家与科技史家扮演着不同的学术角色，在历史研究的方法和观点上未必完全一致②。萨顿做了有趣的比喻：“天文学家的镜子反射的是星辰，而历史学家的镜子反射的是天文学家自己！”③无论是科技史家还是科学家，都应该遵循学术论证的规范，避免对史料做过度的解读。否则，容易造成对历史的曲解、拔高或低估。

总之，要想全面、准确地认识人类文明史，从中获得深刻的历史启示并理性地洞悉科技的本质和发展规律，把握事物发展的大势，就需要了解和研究科学技术史。这也是高层次科学技术专家对科技史感兴趣的一个缘由。

---

①陈省身．中华民族的数学能力不再需要证明[M]// 王善平，张奠宙，编．陈省身文集．上海：华东师范大学出版社，2002: 118–121.

②闻道有先后，术业有专攻。历史学与自然科学及工程科学存在一些共通之处，但和这两类科学的任何一门学科都有很大的差异。因此，历史学家和科学家都不可轻视任何一门学科的专业性及特殊性。

③萨顿 G. 科学的历史研究[M]．陈恒六，刘兵，仲维光，编译．上海：上海交通大学出版社，2007: 52–53.

南开大学在2021年6月创设科学技术史研究中心。笔者于2022年2~6月首次为南开大学的文理科学生试开通识课，课程的名称是“历史视野中的科学和技术”。此后，山东科学技术出版社时任社长赵猛建议出版这门课的授课内容。2025年1月，笔者开始将课件改写为书稿，重点是调整定位和内容，希望书稿能够面向关心科学技术发展的广大读者。

在开课和整理书稿过程中，笔者得到了朋友们的慷慨帮助。田淼、胡大年就课程内容提出了宝贵建议，并提供了参考资料；周程、孙烈、刘洶英提供了案例资料；方万鹏、吕昕、俞月圆、付韵蕾等同事参与了课程调研；高峰、李亮、程占京、席颖颖、杜明禹、杨华、李明洋、文恒、姚大志、曹希敬等同事帮助查找文献或图片；河野洋人帮助拍摄了日本国立科学博物馆陈列品的图片；徐娅楠担任助教，并与刘金岩、刘烨昕、席颖颖等同事分工整理讲课记录；刘金岩帮助校读了全书清样。

在此，谨向以上朋友和同事以及南开大学历史学院、中国科学院自然科学史研究所李俨图书馆和世界科技史研究室致以最诚挚的谢意！

作者

2025年3月17日